Ilse Gretenkord

Klett

Noten ok!

Mathematik 7./8. Klasse

Kurztests wie in der Schule

Klett Lerntraining

Bibliografische Information der Deutschen Nationalbibliothek
Die Deutsche Nationalbibliothek verzeichnet diese Publikation in der Deutschen Nationalbibliografie; detaillierte bibliografische Daten sind im Internet über http://dnb.dnb.de abrufbar.

Auflage 3 2 1 | 2017 2016 2015
Die letzten Zahlen bezeichnen jeweils die Auflage und das Jahr des Druckes.

www.klett-lerntraining.de
Coverillustration: Shutterstock (phloen), New York, NY
Umschlaggestaltung und Innenlayout: Sabine Kaufmann, Stuttgart
Teamleiterin Lernhilfen Sekundarstufe 1: Christine Sämann
Satz: tebitron gmbh, Gerlingen
Druck: medienhaus Plump GmbH, Rheinbreitbach
Printed in Germany
ISBN 978-3-12-927288-6

9 783129 272886

Hallo liebe Schülerin, hallo lieber Schüler!

In diesem Buch findest du Kurztests, mit denen du dich immer mal wieder zwischendurch oder zur Vorbereitung auf eine Klassenarbeit testen kannst.
Du kannst hier deinen Wissensstand vor dem Lernen prüfen, um zu erfahren worauf du dich noch intensiver vorbereiten solltest. Oder du testest dich nach dem Lernen, um sicher zu sein, dass du den Stoff für deine Klassenarbeit wirklich kannst.

So gehst du mit diesem Buch um:

1. Im Inhaltsverzeichnis sind alle **wichtigen Themen** übersichtlich aufgelistet. Im Buch selbst findest du die Themen immer im Balken am oberen Seitenrand.
   Hier kannst du ganz gezielt das entsprechende Thema aussuchen, in dem du dich testen möchtest. Du musst also das Buch nicht von vorne nach hinten durcharbeiten.

2. Alle Kurztests sind in 3 Schwierigkeitsstufen eingeteilt. An den drei Kreisen erkennst du, ob ein Kurztest leicht ●○○, mittelschwierig ●●○ oder schwierig ●●● ist.

3. Wenn du einen Kurztest bearbeitet hast, kannst du anhand der **Lösungen** überprüfen, ob du alles richtig gemacht hast. Die Lösungen zu jedem Kurztest stehen auf dem Kopf unten auf jeder Seite.

4. Um festzuhalten, wie gut du in deinem bearbeiteten Kurztest warst, kannst du den passenden Smiley 🙂 😐 🙁 direkt beim Test abhaken.

Viel Erfolg bei deinem Kurztest und in deiner Klassenarbeit in der Schule wünscht dir

die Klett Lerntraining-Redaktion

1 ●○○ Prozentuale Anteile von Größen

So gut war ich. ☺ 😐 ☹

Schreibe 20 % von 500,00 € in der Form: 500,00 € · 0,2 = 100,00 €
Schreibe ebenso und berechne.

a) 35 % von 85 l 85 l : 35 % = 2975 l : 100 = 29,75

b) 18,2 % von 666 g 12 1,212 %

c) 0,8 % von 75 km 0,6 km

d) 2,05 % von 8216 m 168,428

e) 125 % von 8 h 10 h

f) 68 % von 68 kg 46,24 kg

2 ●○○ Prozente sind Anteile von 100

So gut war ich. ☺ 😐 ☹

Stelle in der Prozentschreibweise dar.

a) $\frac{4}{100}$ = 4 %

b) $\frac{60}{100}$ = 60 %

c) $\frac{3,8}{100}$ = 3,8 %

d) $\frac{0,4}{100}$ = 0,4 %

e) $\frac{250}{1000}$ = 25 %

f) $\frac{144}{100}$ = ~~14,4 %~~ 144 %

g) $\frac{4,8}{10}$ = 48 %

h) $\frac{29}{10\,000}$ = ______

1) a) 29,75 l; b) 121,212 g; c) 0,6 km; d) 168,428 m; e) 10 h; f) 46,24 kg

2) a) 4 %; b) 60 %; c) 3,8 %; d) 0,4 %; e) $\frac{25}{100}$ = 25 %; f) 144 %; g) $\frac{48}{100}$ = 48 %; h) $\frac{0,29}{100}$ = 0,29 %

3 ●●○ Für Prozente braucht man Zehnerpotenzen

So gut war ich. ☺ 😐 ☹

Erweitere zunächst auf die nächste Zehnerpotenz und gib die Brüche anschließend in der Prozentschreibweise an. Rechne im Kopf.

a) $\frac{9}{25}$ = ____________________ b) $\frac{4}{125}$ = ____________________

c) $\frac{26}{50}$ = ____________________ d) $\frac{19}{250}$ = ____________________

e) $\frac{4{,}3}{500}$ = ____________________ f) $\frac{56}{40}$ = ____________________

g) $\frac{0{,}31}{5}$ = ____________________ h) $\frac{7}{1250}$ = ____________________

4 ●○○ Von Brüchen zu Prozenten

So gut war ich. ☺ 😐 ☹

Wandle die Brüche durch Division in Dezimalbrüche um und schreibe diese dann als Prozente.

a) $\frac{1}{25}$ = ____________________ b) $\frac{1{,}7}{50}$ = ____________________

c) $\frac{47}{5}$ = ____________________ d) $\frac{62}{40}$ = ____________________

e) $\frac{11{,}6}{125}$ = ____________________ f) $\frac{6{,}3}{1250}$ = ____________________

3) a) $\frac{36}{100}$ = 36 %; **b)** $\frac{32}{1000}$ = 3,2 %; **c)** $\frac{52}{100}$ = 52 %; **d)** $\frac{76}{1000}$ = 7,6 %; **e)** $\frac{8{,}6}{1000}$ = 0,86 %; **f)** $\frac{1400}{1000}$ = 140 %; **g)** $\frac{0{,}62}{10}$ = $\frac{6{,}2}{100}$ = 6,2 %; **h)** $\frac{56}{10\,000}$ = 0,56 %

4) a) 0,04 = 4 %; **b)** 0,034 = 3,4 %; **c)** 9,4 = 940 %; **d)** 1,55 = 155 %; **e)** 0,0928 = 9,28 %; **f)** 0,00504 = 0,504 %

5 ●○○ Berechnungen von Prozentsätzen

So gut war ich.

Trage den richtigen Prozentsatz ein. Gib sinnvoll gerundete Lösungen an.

Tipp: Prozentsatz = $\frac{\text{Prozentwert}}{\text{Grundwert}}$

a) 35,00 € sind ______________ % von 700,00 €

b) 42 l sind ______________ % von 960 l

c) 28 km sind ______________ % von 328 km

d) 10,5 h sind ______________ % von 210 h

e) 13,9 kg sind ______________ % von 640 kg

f) 73 ml sind ______________ % von 944 ml

6 ●●○ Weitere Berechnungen von Prozentsätzen

So gut war ich.

Trage den ermittelten Prozentsatz ein. Runde sinnvoll.
Achte auf die veränderten Einheiten.

a) 25 m^2 sind ______________ % von 1 a

b) 30 dm^3 sind ______________ % von 150 l

c) 4,5 cm^3 sind ______________ % von 36 ml

d) 440 ha sind ______________ % von 8 km^2

e) 5,2 dm^3 sind ______________ % von 36 dm^3

f) 26 dm^2 sind ______________ % von 520 mm^2

5) a) 5 %; **b)** 4,375 %; **c)** 8,54 %; **d)** 5 %; **e)** 2,17 %; **f)** 7,73 %
6) a) 25 m^2 sind 25 % von 100 m^2; **b)** 30 dm^3 sind 20 % von 150 dm^3; **c)** 4,5 cm^3 sind 12,5 % von 36 cm^3;
d) 440 ha sind 55 % von 800 ha; **e)** 5,2 dm^3 sind 14,4 % von 36 dm^3; **f)** 260 000 mm^2 sind 500 % von 520 mm^2

7 ●○○ Berechnungen von Grundwerten

So gut war ich.

Trage die fehlende Zahl ein. Gib sinnvoll gerundete Lösungen an.

Tipp: Grundwert = $\frac{\text{Prozentwert}}{\text{Prozentsatz}}$

a) 9,30 € sind 23 % von ________ €

b) 18,4 l sind 35 % von ________ l

c) 55 cm^3 sind 42 % von ________ cm^3

d) 36 h sind 30 % von ________ h

e) 99 kg sind 48 % von ________ kg

f) 4,2 m sind 97 % von ________ m

8 ●●○ Weitere Berechnungen von Grundwerten

So gut war ich.

Trage die ermittelten Grundwerte ein. Runde sinnvoll.
Achte auf die veränderten Einheiten.

a) 87 ct sind 13 % von ________ €

b) 44 ml sind 60 % von ________ l

c) 48 dm^2 sind 19 % von ________ m^2

d) 145 h sind 21 % von ________ d

e) 33 s sind 45 % von ________ min

f) 29,5 cm^3 sind 26 % von ________ dm^3

9 ●○○ Berechnungen der Prozentwerte

So gut war ich.

Trage die errechneten Größen in die rechte Spalte ein.

Tipp: Prozentwert = Grundwert · Prozentsatz

	Grundwert	Prozentsatz	Prozentwert
a)	640,00 €	20 %	128 €
b)	300 g	15 %	45 g
c)	42 km	3 %	1,26 km
d)	84 kg	28 %	
e)	350 t	3,5 %	
f)	75 l	12,5 %	

10 ●●○ Alles querbeet

So gut war ich.

Trage die errechneten Werte in die freien Kästchen ein.
Wenn nötig, runde sinnvoll.

	Grundwert	Prozentsatz	Prozentwert
a)	1260,50 €		100,84 €
b)		4,5 %	1,17 l
c)	369 km	12,3 %	
d)	9005 g		5673,15 g
e)		19,6 %	10,78 dm
f)	10 115,3 s	44 %	

9) a) 128,00 €; **b)** 45 g; **c)** 1,26 km; **d)** 23,52 kg; **e)** 12,25 t; **f)** 9,375 l
10) a) 8 %; **b)** 26 l; **c)** 45,387 km; **d)** 63 %; **e)** 55 dm; **f)** 4450,73 s

11 ●●○ Erhöhter Grundwert

So gut war ich. ☺ 😐 ☹

Fülle die freien Tabellenkästchen aus. Runde sinnvoll.

	erhöhter Grundwert	Prozentsatz	ursprünglicher Prozentwert
a)	132,00 €	3,8 %	
b)	763 g	16,4 %	
c)	1398 m	11,2 %	
d)	566 l	0,6 %	
e)	54 dm	4,07 %	
f)	6,8 t	3,5 %	

12 ●●○ Reduzierter Grundwert

So gut war ich. ☺ 😐 ☹

Fülle die freien Tabellenkästchen aus. Runde sinnvoll.

	reduzierter Grundwert	Prozentsatz	ursprünglicher Prozentwert
a)	99,95 €	3,85 %	
b)	45,55 g	1,04 %	
c)	7,74 km	6,33 %	
d)	865 ml	0,8 %	
e)	69 dm	4,6 %	
f)	833 kg	8,2 %	

11) a) 103,8 % entsprechen 132,00 €
1 % entspricht 132,00 € : 103,8
100 % entsprechen $\frac{132{,}00\,€}{103{,}8} \cdot 100 = 127{,}17\,€$;
b) 655,5 g; **c)** 1257,19 m; **d)** 562,62 l; **e)** 51,9 dm; **f)** 6,57 t

12) a) 100 % − 3,85 % = 96,15 %
96,15 % entsprechen 99,95 €
1 % entspricht 99,95 € : 96,15
100 % entsprechen $\frac{99{,}95\,€}{96{,}15} \cdot 100 = 103{,}95\,€$;
b) 46,03 g; **c)** 8,26 km; **d)** 871,98 ml; **e)** 72,33 cm; **f)** 907,41 km

13 ●●○ Wie viel Prozent Preisnachlass gewährt der Händler?

So gut war ich. ☺ 😐 ☹

Ein CD-Laden hat Ausverkauf. Alle CDs sind enorm reduziert. Wie viel Prozent spart der Käufer im Vergleich zum ursprünglichen Preis? Runde auf volle Prozente.

	ursprünglicher Preis	reduzierter Preis	Preisnachlass in %
a)	19,00 €	14,60 €	
b)	12,80 €	9,90 €	
c)	24,95 €	16,95 €	
d)	6,90 €	4,95 €	
e)	39,95 €	25,50 €	

14 ●●○ Mehrwertsteuer überschlagen

So gut war ich. ☺ 😐 ☹

Überschlage zunächst den Aufpreis durch die Mehrwertsteuer. Rechne anschließend genau. Runde sinnvoll.

19 % Mehrwertsteuer verteuert jede Rechnung um fast 20 %. 20 % eines Preises lassen sich leicht im Kopf berechnen.

	Preis	geschätzte MWSt	genaue MWSt
a)	380,00 €		
b)	1026,00 €		
c)	19,90 €		
d)	148,50 €		
e)	22 100,00 €		
f)	1 260 320,00 €		

13) a) 19,00 € entsprechen 100 % — $\frac{100\,\%}{19} \cdot 14{,}60 = 76{,}84\,\%$

1,00 € entspricht 100 % : 19 — 100 % − 76,84 % ≈ 23 %;

14,60 € entsprechen $\frac{100\,\%}{19} \cdot 14{,}60$ **b)** 23 %; **c)** 32 %; **d)** 28 %; **e)** 36 %;

14) a) 76,00 €; 72,20 €; **b)** 205,20 €; 194,94 €; **c)** 3,98 €; 3,78 €; **d)** 29,70 €; 28,22 €; **e)** 4420,00 €; 4199,00 €;
f) 252 064,00 €; 239 460,80 €

15 ●●○ Preisangebote

So gut war ich. ☺ 😐 ☹

Wer wird den Auftrag bekommen?

Zwei Sanitärbetriebe bewerben sich um einen Auftrag bei Familie Moll. Die Firma „Rohrbruch" nennt einen Nettopreis von 5700,00 € für die Badrenovierung; die Firma „Pitschpatsch" möchte brutto 6700,00 € für die gleichen Arbeiten. Für wen wird sich Familie Moll entscheiden?

16 ●●○ Fehlschluss

So gut war ich. ☺ 😐 ☹

Welchen Denkfehler hat Marlis gemacht? Stelle richtig.

Alles muss raus! Räumungsverkauf!
Angebot: 1. Tag: alle Produkte 50 % reduziert.
2. Tag: auf die Reste der reduzierten Produkte nochmals 70 % Nachlass.
Marlis ruft ihre Freundin an und berichtet ihr, dass sie bis zum zweiten Tag mit dem Kauf von Schuhen (im ursprünglichen Preis von 80,00 €) warten wolle. Wenn sie Glück habe, seien die Schuhe dann noch da, kosteten nichts mehr und die bekäme sogar noch 16,00 € heraus.
Die Freundin überlegt einen Augenblick und meint: „Marlis, Marlis, das kann ich wirklich nicht glauben!"

Was kosten die Schuhe wirklich am zweiten Tag?

15) Firma „Rohrbruch": 19 % von 5700,00 € = 1083,00 €; 5700,00 € + 1083 € = 6783,00 €; Die Firma „Rohrbruch" ist um 83,00 € teurer als die Firma „Pitschpatsch". Familie Moll wird sich also für die Firma „Pitschpatsch" entscheiden.

16) 50 % von 80,00 € = 40,00 €; 70 % von 40,00 € = 28,00 €; 40,00 € − 28,00 € = 12,00 €; Die Schuhe kosten am zweiten Tag noch 12,00 €. Marlis hat die 70 % Preisnachlass auf den Ursprungspreis bezogen statt auf den bereits um 50 % reduzierten Preis.

17 ●●○ Preissteigerung

So gut war ich. ☺ 😐 ☹

Vergleiche.

Der Preis für ein ursprünglich 6,98 € teures Produkt ist in den letzten 4 Jahren jährlich um 8 % gestiegen. Der Preis für ein gleichwertiges Produkt war 4 Jahre lang konstant geblieben, erhöhte sich dann aber mit einem Schlag um 32 %. Darüber waren die Kunden sehr empört, während sie die Preissteigerung des 1. Produktes stillschweigend in Kauf genommen haben. Kommentar einer Verkäuferin: „Wie sich die Leute doch bluffen lassen."

18 ●●○ Preisangebote

So gut war ich. ☺ 😐 ☹

Vergleiche die Angebote.

Für einen Fernseher schlägt der Hersteller einen Preis von netto 550,00 € vor (d. h. ohne 19 % Mehrwertsteuer).
Jeder Händler hat das Recht, den Preis selber zu variieren. Hier drei Angebote. Vergleiche sie.

a) 5 % Rabatt und die Mehrwertsteuer übernimmt der Händler.

b) 24 % Rabatt plus 19 % Mehrwertsteuer.

c) 19 % Preisnachlass plus Mehrwertsteuer. Fines Kommentar: „Dann kostet der Fernseher doch 550,00 €!"

17) 6,98 € + 0,56 € = 7,54 €; 7,54 € + 0,60 € = 8,14 €; 8,14 € + 0,65 € = 8,79 €; 8,79 € + 0,70 € = 9,49 €; 6,98 € + 2,23 € = 9,21 €. Die Kunden sind zu Unrecht empört, da das um 32 % verteuerte Produkt immer noch preiswerter ist als das in vier Jahren langsam teurer werdende Produkt.

18) a) 522,50 €; **b)** 497,42 €; **c)** 530,15 €; Fine hat Unrecht. Wenn der Grundpreis erst reduziert wird und die Mehrwertsteuer in Bezug auf diesen verminderten Betrag berechnet wird, wird der Endbetrag preiswerter.

19 ●○○ Finderlohn

So gut war ich. ☺ 😐 ☹

Wie viel Geld war in dem Portemonnaie?

Tom und Jan finden im Gebüsch ein Portemonnaie mit viel Geld. Sie sind ehrlich und geben es im Fundbüro ab. Dort wird ihnen ein Finderlohn von 8 % zugesagt, falls der Besitzer des Geldes sich meldet. Nach fünf Wochen ruft das Fundbüro an und sagt, sie könnten sich den Finderlohn von 120,00 € abholen. Tom und Jan freuen sich riesig.

20 ●●○ Mehrwertsteuererhöhung

So gut war ich. ☺ 😐 ☹

Berechne die Kostenerhöhung durch eine angehobene Mehrwertsteuer.

Vor mehr als einem Jahr wurde die Mehrwertsteuer von 16 % auf 19 % erhöht. Familie Ronn hatte ihr Haus noch kurz vor der Verteuerung renovieren lassen. Familie Senn musste ein Jahr später folgende Rechnungen bezahlen:

Badrenovierung: 6664,00 €
3 Räume streichen: 928,00 €
neuer Teppichboden im ganzen Haus: 3991,26 €
neue Küche: 9282,00 €

a) Wie hoch wären die Rechnungen ohne Mehrwertsteuer gewesen?

b) Wie viel Geld hat Familie Ronn gegenüber der Familie Senn gespart durch die Renovierung vor der Mehrwertsteuererhöhung?

19) 8 % entsprechen 120,00 €
1 % entspricht 120,00 € : 8
100 % entsprechen $\frac{120{,}00\,€}{8} \cdot 100 = 1500{,}00\,€$; In dem Portemonnaie waren 1500,00 € gewesen.

20) a) Preise ohne Mehrwertsteuer:
119 % entsprechen 6664,00 €
1 % entspricht 6664,00 € : 119
100 % entsprechen $\frac{6664{,}00\,€}{119} \cdot 100 = 5600{,}00\,€$; 779,83 €; 3354,00 €; 7800,00 €;

b) Preise mit 16 % Mehrwertsteuer: 6496,00 €; 904,60 €; 3890,64 €; 9048,00 €;
Gesamtrechnung der Familie Ronn: 20 339,24 €; Gesamtrechnung der Familie Senn: 20 865,26 €;
Familie Ronn hat gegenüber Familie Senn insgesamt 526,02 € gespart. (Wenn du anders gerundet hast, kann dein Ergebnis leicht abweichen.)

21 ●●● Prozente futsch!

So gut war ich.

Wie viel Geld sparen die Freundinnen?

Melanies Vater hat einen angesagten Kleiderladen. Melanies beste Freundinnen bekommen dort alle Waren zum Einkaufspreis. Der liegt 40 % unter Ladenpreis. Sie zahlen für eine Jeans nur 27,00 €, für ein T-Shirt nur 15,60 €, für einen Rock nur 17,40 € und für eine Jacke nur 22,20 €.

a) Wie teuer sind die Kleidungsstücke, wenn man sie im Laden regulär kauft?

b) Ramona hat sich mit Melanie verkracht und darf jetzt nicht mehr so günstig einkaufen wie ihre Schwester Lisa. Allerdings erhält Ramona mit 160,00 € auch mehr Taschengeld als Lisa, die $\frac{1}{4}$ weniger Taschengeld bekommt.
Für welche der Schwestern bleibt nach dem Einkauf mehr vom Taschengeld übrig und wie viel?

22 ●○○ Brutto- und Nettopreise

So gut war ich.

Die Werte in der linken Spalte enthalten 19 % Mehrwertsteuer (Bruttopreise), die in der rechten Spalte sind Nettopreise. Berechne die fehlenden Preise. Runde hierbei angemessen.

Bruttopreise	Nettopreise
753,27 €	
1162,63 €	
1456,56 €	
14 226,45 €	

Bruttopreise	Nettopreise
	455,50 €
	1963,60 €
	12 544,20 €
	3030,30 €

21) a) Jeans: 45 €, T-Shirt: 26 €, Rock: 29 €, Jacke: 37 €; **b)** Lisa zahlt 82,20 €, Ramona muss 137,00 € zahlen. Lisa bekommt 120,00 € Taschengeld und behält noch 37,80 € übrig. Ramona hat nur noch 23,00 € übrig, das sind 14,80 € weniger.

22) Nettopreise: 633,00 €, 977,00 €, 1224,00 €, 11 955,00 €; Bruttopreise: 542,05 €, 2336,68 €, 14 927,60 €, 3606,06 €

23 ●○○ Geometrische Anteile bei Flächen

So gut war ich. ☺ 😐 ☹

Schraffiere bei folgenden Flächen die prozentualen Anteile.

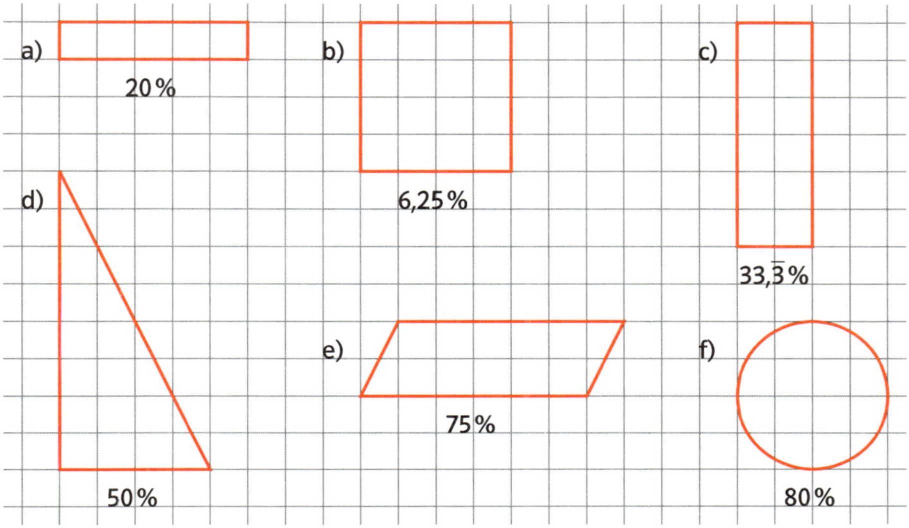

24 ●○○ Geometrische Anteile bei Körpern

So gut war ich. ☺ 😐 ☹

Berechne.

a) 50 %; 25 %; 18 %; 62 % vom Volumen eines Würfels mit der Kantenlänge a = 5 cm.

b) 50 %; 25 %; 18 %; 62 % vom Oberflächeninhalt eines Quaders mit den Kantenlängen a = 4 cm; b = 2 cm und c = 1,5 cm.

23)

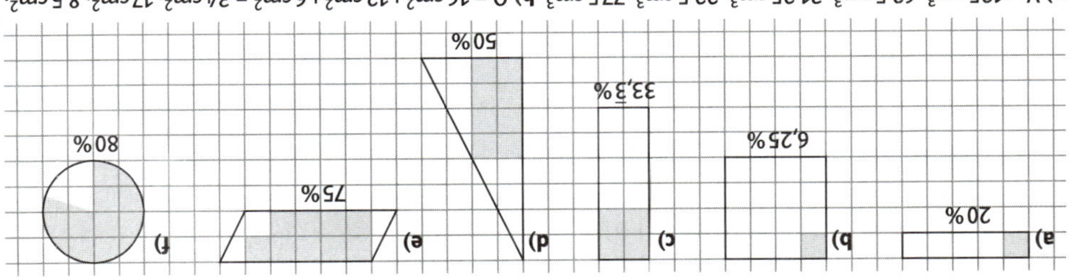

24) a) V = 125 cm^3; 62,5 cm^3; 31,25 cm^3; 22,5 cm^3; 77,5 cm^3; **b)** O = 16 cm^2 + 12 cm^2 + 6 cm^2 = 34 cm^2; 17 cm^2; 8,5 cm^2; 6,12 cm^2; 21,08 cm^2

25 ●●○ Unterteilung eines Quadrates

So gut war ich. ☺ 😐 ☹

Berechne den prozentualen Anteile jedes Rechtecks.

Ein Quadrat hat einen Flächeninhalt von $A = 81\,cm^2$.
Dieses Quadrat ist in 11 Rechtecke unterteilt mit den angegebenen Seitenlängen.

a) R_1: $a_1 = 3{,}5\,cm$; $b_1 = 2\,cm$

b) R_2: $a_2 = 5{,}5\,cm$; $b_2 = 3\,cm$

c) R_3: $a_3 = 1\,cm$; $b_3 = 3\,cm$

d) R_4: $a_4 = 3{,}5\,cm$: $b_4 = 1\,cm$

e) R_5: $a_5 = 4\,cm$; $b_5 = 2\,cm$

f) R_6: $a_6 = 3{,}5\,cm$; $b_6 = 2\,cm$

g) R_7: $a_7 = 1{,}5\,cm$; $b_7 = 6\,cm$

h) R_8: $a_8 = 2\,cm$; $b_8 = 4\,cm$

i) R_9: $a_9 = 1\,cm$; $b_9 = 4\,cm$

j) R_{10}: $a_{10} = 4{,}5\,cm$; $b_{10} = 2{,}5\,cm$

k) R_{11}: $a_{11} = 4{,}5\,cm$; $b_{11} = 1{,}5\,cm$

26 ●●● Prozentuale Unterteilung einer Raute

So gut war ich. ☺ 😐 ☹

Berechne die prozentuale Anteile.

Gegeben sei eine Raute mit den Diagonalen $e = 4\,cm$ und $f = 8\,cm$. Die Raute ist auf die dargestellte Weise unterteilt. Berechne den prozentualen Anteil der Dreiecke und Trapeze am Gesamtflächeninhalt.

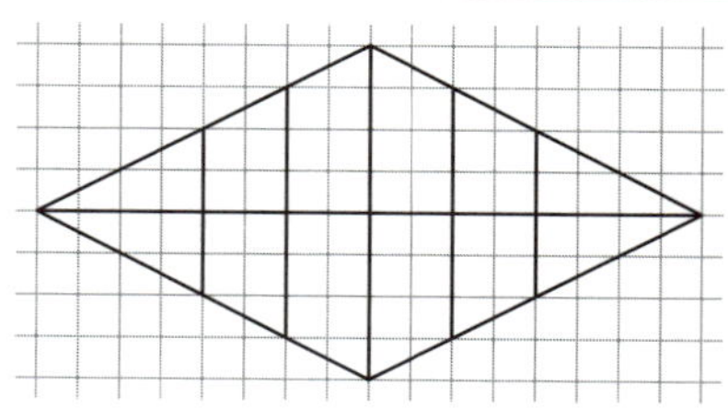

25) a) $A_1 = 7\,cm^2$; 8,6 %; **b)** $A_2 = 16{,}5\,cm^2$; 20,4 %; **c)** $A_3 = 3\,cm^2$; 3,7 %; **d)** $A_4 = 3{,}5\,cm^2$; 4,3 %; **e)** $A_5 = 8\,cm^2$; 9,9 %;
f) $A_6 = 7\,cm^2$; 8,6 %; **g)** $A_7 = 9\,cm^2$; 11,1 %; **h)** $A_8 = 8\,cm^2$; 9,9 %; **i)** $A_9 = 4\,cm^2$; 4,9 %; **j)** $A_{10} = 11{,}25\,cm^2$; 13,9 %;
k) $A_{11} = 6{,}75\,cm^2$; 8,3 %

26) Die Dreiecke machen zusammen 25 %, die kleinen Trapeze zusammen 31,25 % und die großen Trapeze zusammen 43,75 % aus.

27 ●○○ Tageszinsen – Monatszinsen – Jahreszinsen

So gut war ich. ☺ 😐 ☹

Das Kapital wird mit 5,4 % verzinst. Berechne die Tageszinsen, die Monatszinsen und die Jahreszinsen. Runde angemessen.

	Kapital	Tageszinsen	Monatszinsen	Jahreszinsen
a)	3850,00 €			
b)	512,00 €			
c)	57112,00 €			
d)	68,22 €			

28 ●●○ Zinsen für bestimmte Zeiträume

So gut war ich. ☺ 😐 ☹

Berechne die Zinsen für 7 Tage, für 3,5 Monate und für 2 Jahre bei einem Zinssatz von 4,9 %.

	Kapital	Zinsen (7 Tage)	Zinsen (3,5 Monate)	Zinsen (2 Jahre)
a)	936,80 €			
b)	2554,40 €			
c)	13103,60 €			
d)	67,01 €			

29 ●●● Allerlei Zinssätze

So gut war ich. ☺ 😐 ☹

Herr Moll überlegt, wie viel es ihn kostet, wenn er – statt für 4 Monate einen preiswerten Kredit zu beantragen – sich lieber für diese Zeit mit Dispositionskredit und Kontoüberziehung behilft. Sein Dispositionskredit liegt bei 3500,00 €. Herr Moll braucht für 4 Monate 7800,00 €. Kredite kosten unterschiedlich viel Zinsen. Ein günstiger Kredit ist für einen Zinssatz von 4,45 % zu haben. Der Zinssatz für den Dispositionskredit eines Kontos kann bei 13,75 % liegen, der für die Überziehung des Kontos sogar bei 17,75 %. Wie kann Herr Moll am besten sparen?

Rechne auf einem Extra-Blatt.

27) a) 0,58 €; 17,33 €; 207,90 €; **b)** 0,08 €; 2,30 €; 27,65 €; **c)** 8,57 €; 257,00 €; 3084,05 €; **d)** 0,01 €; 0,31 €; 3,68 €
28) a) 0,89 €; 13,39 €; 94,06 €; **b)** 2,43 €; 36,51 €; 256,46 €; **c)** 12,48 €; 187,27 €; 1315,61 €; **d)** 0,06 €; 0,96 €; 6,73 €
29) Ein preiswerter Kredit über vier Monate würde Herrn Moll an Zinsen 115,70 € kosten. Nimmt er für 13,75 % die 3500,00 € und für 17,75 % die 4300,00 €, so muss er 160,42 € + 254,42 € = 414,84 € Zinsen zahlen. Das ist mehr als 3,5 Mal so viel.

30 ●●○ Wucherzinsen?

So gut war ich. ☺ 😐 ☹

Vergleiche die Zinssätze, die Jan und Frau Zinn zahlen müssen.

a) Jan leiht sich bei Janina 38,00 € für zwei Monate aus und muss ihr anschließend 41,00 € zurückzahlen.

b) Frau Zinn muss zu einem privaten Geldverleiher gehen, weil die Bank ihr kein Geld mehr leiht. Sie muss unbedingt 8500,00 € haben, die sie erst in vier Monaten zurückzahlen kann. Der Geldverleiher verlangt 9123,33 € von ihr zurück.

Rechne auf einem Extra-Blatt.

31 ●●● Zins und Tilgung

So gut war ich. ☺ 😐 ☹

Familie Less will sich 80 000,00 € leihen und es nach fünf Jahren vollständig zurückgezahlt haben. Die Bank macht ihr ein Angebot: Zinssatz 5,5 %; Tilgung 2,5 %. Das bedeutet:
Jedes Jahr muss die Familie 8 % für das geliehene Geld zahlen, davon sind im ersten Jahr 4400,00 € Zinsen und der geliehene Betrag verringert sich durch die Tilgung im ersten Jahr um 2000,00 €.

Berechne auf einem Extra-Blatt,

a) wie viel die Familie in den Folgejahren an Zinsen zu zahlen hat,

b) wie viel Geld sie nach fünf Jahren noch zurückzahlen muss.

32 ●●● Anderes Modell für Familie Less

So gut war ich. ☺ 😐 ☹

Es gibt für Familie Less noch ein anderes Angebot. Die Gesamtbelastung bleibt während der fünf Jahre gleich, also jährlich 6400,00 € für Zins und Tilgung zusammen. Jedoch wird der Tilgungsbetrag jährlich um so viel höher, wie der Zinsbetrag sinkt.

Wie viel Tilgung ist bei diesem Modell nach 5 Jahren erfolgt?

Rechne auf einem Extra-Blatt.

30) a) Der Zinssatz beträgt ca. 47 %. Das ist mehr als Wucher. **b)** Der Zinssatz beträgt 22 %. Auch das ist viel zu hoch.

31) a) Zinsen 1. Jahr: 4400,00 €; Tilgung 1. Jahr: 2000,00 €; Gesamt: 6400,00 €
Zinsen 2. Jahr: 4290,00 €; Tilgung 2. Jahr: 2110,00 €; Gesamt: 6400,00 €
Zinsen 3. Jahr: 4173,95 €; Tilgung 3. Jahr: 2226,05 €; Gesamt: 6400,00 €
Zinsen 4. Jahr: 4051,52 €; Tilgung 4. Jahr: 2348,48 €; Gesamt: 6400,00 €
Zinsen 5. Jahr: 3922,35 €; Tilgung 5. Jahr: 2477,65 €; Gesamt: 6400,00 €
b) Nach fünf Jahren muss Familie Less noch 68 837,82 € zurückzahlen.

32) Tilgung im 1. Jahr: 2000,00 €; im 2. Jahr: 2110,00 €; im 3. Jahr: 2226,05 €; im 4. Jahr: 2348,48 €; im 5. Jahr: 2477,65 €; Gesamt: 11 162,18 €

33 ●●○ Schon wieder Wucherzinsen?

So gut war ich. ☺ 😐 ☹

Marlene leiht sich 2800,00 € von einem flüchtigen Bekannten. Er verspricht ihr günstigere Zinsen. Zahlt sie nach 1 Monat zurück, muss sie 49,00 € Zinsen zahlen; behält sie das Geld 2 Monate, hat sie 56,00 € pro Monat zu zahlen. Will sie das Geld für 6 Monate haben, so verlangt er insgesamt 392,00 € Zinsen von ihr.

Wie hoch sind die jeweiligen Zinssätze?

1 Monat

34 ●●○ Zinsenzinsen

So gut war ich. ☺ 😐 ☹

Es gibt die Möglichkeit, Geld immer nur für 3 Monate anzulegen, um es dann – zusammen mit den bis dahin erlangten Zinsen – wieder für 3 Monate anzulegen.
Die Brüder Tim und Tom haben 15 000,00 € und legen diese zuerst für 3,8 % an, im nächsten Vierteljahr für 3,95 %, in weiteren 3 Monaten für 4,05 % und schließlich für 4,12 %.

Wie viele Zinsen haben sie nach einem Jahr erhalten?

33) Der Bekannte verlangt für das Leihen des Geldes für einen Monat 21 % Zinsen, für zwei Monate Ausleihe setzt er einen Zinssatz von 24 % fest und für das Ausleihen über sechs Monate will er sogar 28 % Zinsen haben.

34) 1. Quartal: 142,50 €; 2. Quartal: 149,53 €; 3. Quartal: 154,83 €; 4. Quartal: 159,10 €; Gesamtzinsen im Jahr: 605,96 €

35 ●●○ Zinseszinsen – ähnlich wie in Kurztest 34

So gut war ich.

Lies dir die Aufgabenstellung von Kurztest 34 noch einmal durch.

Wie müsste der Zinssatz sein, damit sie für die Anlage der 15 000,00 € für ein Jahr dieselben Zinsen bekämen?

35) Der Zinssatz für ein Jahr müsste 4,04 % betragen.

36 ●○○ Proportional oder antiproportional?

So gut war ich. ☺ 😐 ☹

Welche der folgenden Zuordnungen sind proportional (p), welche sind antiproportional (ap)?

	p	ap
a)		
b) Anzahl der mit je 12 Flaschen gefüllten Sprudelkästen ⟶ Anzahl der Sprudelkästen		
c) (Graph)		
d) Pro Gast sind 3 Flaschen Getränk vorgesehen ⟶ Anzahl der Gäste doppelt so groß wie erwartet		
e)		
f) (Graph)		

a)

1. Wert	0,3	0,5	0,7	1,1	1,3	1,7
2. Wert	0,39	0,65	0,91	1,43	1,69	2,21

b) Anzahl der mit je 12 Flaschen gefüllten Sprudelkästen ⟶ Anzahl der Sprudelkästen

c)

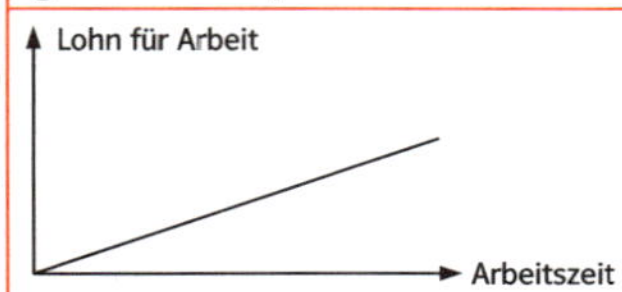

d) Pro Gast sind 3 Flaschen Getränk vorgesehen ⟶ Anzahl der Gäste doppelt so groß wie erwartet

e)

1. Wert	$\frac{4}{5}$	$\frac{5}{6}$	$\frac{8}{9}$	$\frac{10}{11}$	$\frac{28}{13}$	$\frac{16}{17}$
2. Wert	1	$\frac{24}{25}$	$\frac{9}{10}$	$\frac{22}{25}$	$\frac{13}{35}$	$\frac{17}{20}$

f)

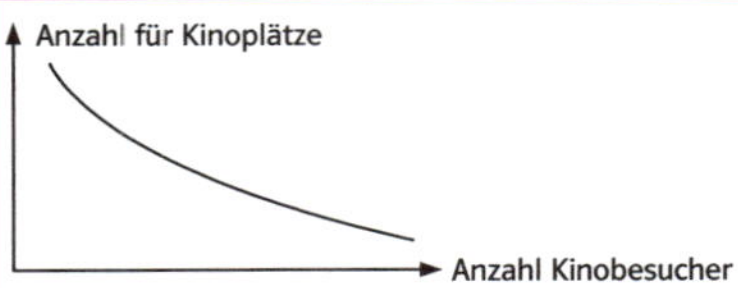

37 ●○○ Einmal proportional – einmal antiproportional

So gut war ich. ☺ 😐 ☹

a) Ergänze die Tabelle für eine proportionale Zuordnung und gib die Zuordnungsvorschrift an.

1. Wert	9					
2. Wert	0,225	0,175	0,15	0,1	0,0125	0,0175

b) Ergänze die Tabelle für eine antiproportionale Zuordnung.

1. Wert	9					
2. Wert	0,025	0,075	0,09	1,125	0,2025	2,25

36 a) (p); **b)** (p); **c)** (p); **d)** (ap); **e)** (ap); **e)** (ap); **f)** (ap)
37 a) fehlende Tabellenwerte: 7; 6; 4; 0,5; 0,7; Zuordnungsvorschrift: x → 0,025x;
b) fehlende Tabellenwerte: 3; 2,5; 0,2; 1,1; 0,1

38 ●○○ Lineare Graphen zeichnen

So gut war ich. ☺ 😐 ☹

Zeichne auf einem karierten Blatt Papier zu folgenden Zuordnungsvorschriften die zugehörigen Graphen. Wähle eine geschickte Einteilung auf den Koordinatenachsen.

a)

Länge in km	0,5	0,75	1,5	2,25
Zeit in h	0,1	0,15	0,3	0,45

b)

Wandfläche in m^2	2	3	5	–
Farbmenge in ø	0,3	0,45	0,75	–

39 ●●○ Diese Graphen sehen anders aus

So gut war ich. ☺ 😐 ☹

Zeichne zu folgenden Zuordnungsvorschriften die zugehörigen Graphen. Wähle eine geschickte Einteilung auf den Koordinatenachsen. Verwende hierzu ein kariertes Blatt Papier.

a)

Baumstammdurchmesser in cm	12	9	6	4
Anzahl der benötigten Bäume	30	40	60	90

b)

Getränkeflaschengröße in mø	1000	750	500	200
Anzahl der benötigten Flaschen	15	20	30	75

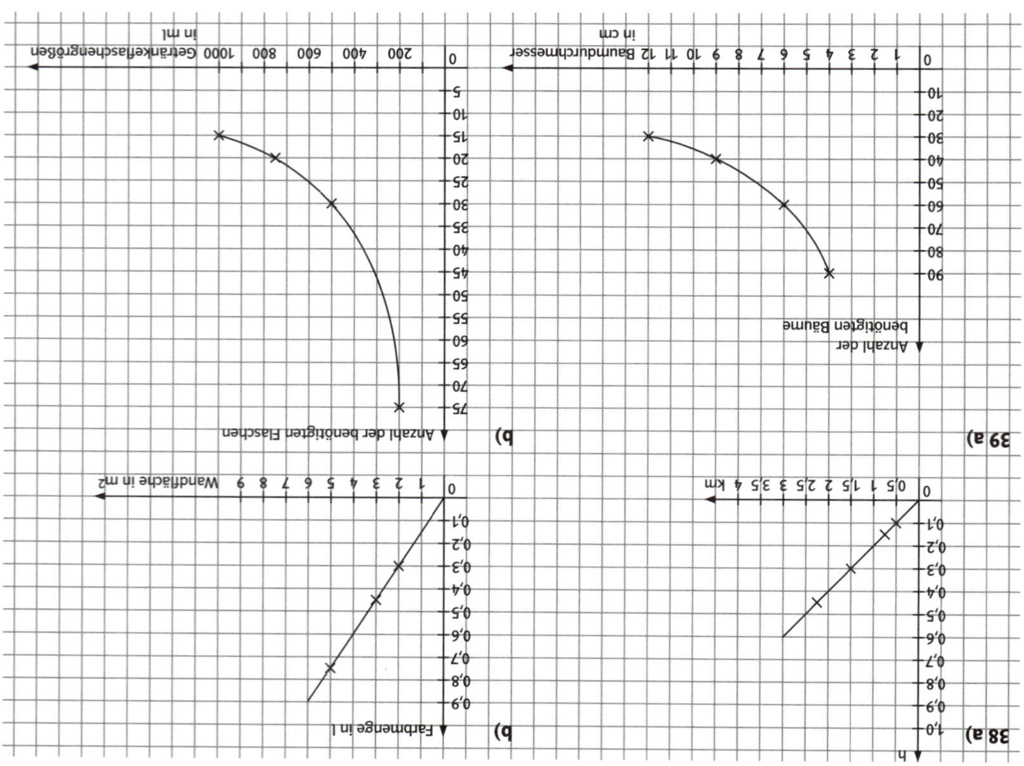

40 ●○○ Proportional oder nicht?

So gut war ich.

Kreuze die Zuordnungen an, die proportional sind.

		ja	nein
a)	Robert bekommt 40,00 € festes Taschengeld im Monat; pro Woche verdient er sich durch Erledigung von Sonderaufgaben in der Familie 5,00 € hinzu.	☐	☐
b)	Marc will die Vokabeln der neuen Fremdsprache von Anfang an gründlich lernen und hat sich deshalb ein eigenes Lernprogramm ausgedacht. Nach einer Woche kennt er 50 Vokabeln, nach zwei Wochen 100, nach drei Wochen 150 und so fort.	☐	☐
c)	Herr Scholz hat ein neues Auto, das er nur für die Fahrt zur Arbeit benutzen möchte. Nach der ersten Woche ist er 360 km gefahren, nach der zweiten Woche 720 km, nach der dritten Woche 1080 km und so weiter.	☐	☐
d)	Herr Scholz hat ein neues Auto, das er nur für die Fahrt zur Arbeit benutzen möchte. Nach der ersten Woche ist er 360 km gefahren, nach der zweiten Woche 720 km, nach der dritten Woche 1080 km, in der vierten Woche liegt er krank im Bett, ab der fünften Woche fährt er wieder zur Arbeit.	☐	☐
e)	Herr Scholz hat ein neues Auto, das er nur für die Fahrt zur Arbeit benutzen möchte. Nach der ersten Woche ist er 360 km gefahren, nach der zweiten Woche 720 km, nach der dritten Woche 1080 km. In der vierten Woche muss sich seine Frau abends das Auto ausleihen, weil ihres defekt ist. Ab der fünften Woche läuft alles wieder wie vorher.	☐	☐

41 ●●○ Entscheide dich richtig

So gut war ich.

Entscheide, ob die folgenden Zuordnungen proportional sind. Falls nicht, begründe, warum keine Proportionalität vorliegt.

a) Seitenlänge eines Quadrates ↦ Flächeninhalt des Quadrates
b) Kantenlänge eines Würfels ↦ Volumen des Würfels
c) Seitenlänge eines Quadrates ↦ Umfang des Quadrates

40) a) nein; **b)** ja; **c)** ja; **d)** nein; **e)** nein
41) a) Nein, bei Verdopplung der Seitenlänge vervierfacht sich der Flächeninhalt; **b)** Nein, bei Verdopplung der Kantenlänge verachtfacht sich das Volumen; **c)** ja

42 ●○○ Wie viele Eier – wie viele Kuchen?

So gut war ich. ☺ 😐 ☹

Berechne die Anzahl der Kuchen.

Sieben Eier werden gebraucht, um den Teig für drei Kuchen herzustellen. Wie viele Kuchen lassen sich backen, wenn für den Teig 56 Eier verwendet wurden? Überlege, wie sich die Aufgabe mit einem Zweisatz lösen lässt.

43 ●●○ Wie viele Bäume für eine Allee?

So gut war ich. ☺ 😐 ☹

Berechne die Anzahl der benötigten Bäume.

An jeden Straßenrand einer Allee passen fünf Bäume pro 12 m. Wie viele Bäume werden gebraucht, um eine 1,44 km lange Allee auf beiden Seiten mit Bäumen zu bepflanzen? Überlege, wie sich die Aufgabe ohne Dreisatz lösen lässt.

44 ●○○ Jede Menge Wasser

So gut war ich. ☺ 😐 ☹

Berechne die benötigte Wassermenge.

88 l Wasser reichen zum Bewässern eines 4 m^2 großen Blumenbeetes. Wie viel Wasser wird gebraucht, um ein 1 ha großes Blumenfeld zu bewässern?

Tipp: $1\,l \mathrel{\hat{=}} 1\,dm^3 = 0{,}001\,m^3$
$1\,ha = 10\,000\,m^2$

42)

	Anzahl Eier	Anzahl Kuchen	
$\cdot 8$	7	3	$\cdot 8$
	56	24	

Mit 56 Eiern kann man 24 Kuchen backen.

43) $1{,}44\,km = 1440\,m = 120 \cdot 12\,m$

$2 \cdot 1{,}44\,km = 240 \cdot 12\,m$

$240 \cdot 5$ Bäume = 1200 Bäume

Für die Allee werden 1200 Bäume gebraucht.

44)

	Beetgröße in m^2	Wassermenge in l	
$:4$	4 m^2	88l	$:4$
	1 m^2	2l	
	10 000 m^2	220 000 l	
	1 ha	220 m^3	

Für die Bewässerung von 1 ha Blumenfeldern werden 220 m^3 Wasser gebraucht.

45 ●○○ Ameisen bauen Hügel

So gut war ich.

Mehrere hunderttausend Ameisen können fünf Ameisenhügel in 36 h bauen.

Wie viele Hügel können sie in 2,5 Tagen errichten?

46 ●○○ Teigzutaten für wenige und viele Gäste

So gut war ich.

Für einen Muffinteig für sechs Gäste werden benötigt:
240 g Mehl; 60 g Speisestärke; 150 g Margarine; 3 Eier; 90 g Zucker; 30 g Kakao

a) Berechne die Zutaten, wenn Teig für vier Gäste vorgesehen ist.

b) Berechne die Zutaten, wenn der Teig für 10 Gäste reichen soll.

47 ●●○ Drei Teiche werden mit Wasser gefüllt

So gut war ich.

Drei gemauerte Wasserbecken mit unterschiedlicher quadratischer Grundfläche $A_1 = 3600\,cm^2$, $A_2 = 6400\,cm^2$, $A_3 = 10\,000\,cm^2$ sollen alle mit gleicher Menge Wasser gefüllt werden. In A_1 wird so viel Wasser eingelassen, bis es 30 cm hoch steht.

Berechne die Wasserstandshöhen in den verschiedenen Becken.

45)

Anzahl Hügel		Zeit in h	
:36	5	36	:36
·60	$\frac{5}{36}$	1	·60 (≙ 2,5 Tage)
	$8\frac{1}{3}$	60	

In 2,5 Tagen werden acht Hügel fertig.

46) a) Für vier Gäste werden 160 g Mehl, 40 g Speisestärke, 100 g Margarine, 2 Eier, 60 g Zucker und 20 g Kakao gebraucht. **b)** Für 10 Gäste werden 400 g Mehl, 100 g Speisestärke, 250 g Margarine, 5 Eier, 150 g Zucker und 50 g Kakao gebraucht.

47) Zu A_1: $3600\,cm^2 \cdot 30\,cm = 108\,000\,cm^3$; zu A_2: $108\,000\,cm^3 = 6400\,cm^2 \cdot 16{,}875\,cm$; zu A_3: $108\,000\,cm^3 = 10\,000\,cm^2 \cdot 10{,}8\,cm$. Im zweiten Becken steht das Wasser 16,875 cm hoch, im dritten 10,8 cm.

48 ●●○ Wie viel Preisnachlass ist nötig?

So gut war ich. ☺ 😐 ☹

Mit 15 % Preisnachlass wird erreicht, dass Familie Paul 225,00 € bei ihrem Einkauf einspart.

Wie viel % Preisnachlass müssten gegeben sein, damit derselbe Einkauf eine Ersparnis von 375,00 € einbrächte?

49 ●●○ Hunde und ihr Futter

So gut war ich. ☺ 😐 ☹

Vier Hunde fressen an einem Tag zwölf Portionen Hundefutter.

Wie lange brauchen sechs Hunde für 54 Portionen?

48)

	Preisnachlass in %	Preisnachlass in €	
	15	225,00	
:225	$\frac{15}{225} = \frac{1}{15}$	1,00	:225
·375	25	375,00	·375

Für eine Ersparnis von 375,00 € wäre ein Preisnachlass von 25 % nötig.

49)

	Hunde	Portionen	
	4	12	
:4	1	3	:4
·6	6	18	·6

	Portionen	Zeit in Tagen	
	18	1	
:18	1	$\frac{1}{18}$	:18
·54	54	3	·54

Sechs Hunde brauchen für 54 Portionen Futter drei Tage.

50 ●○○ Wie heißt die Funktionsvorschrift?

So gut war ich. ☺ 😐 ☹

Gib zu den abgebildeten Graphen der linearen Zuordnung $x \mapsto y$ die jeweils zugehörige Gleichung an, mit der sich der y-Wert berechnen lässt.

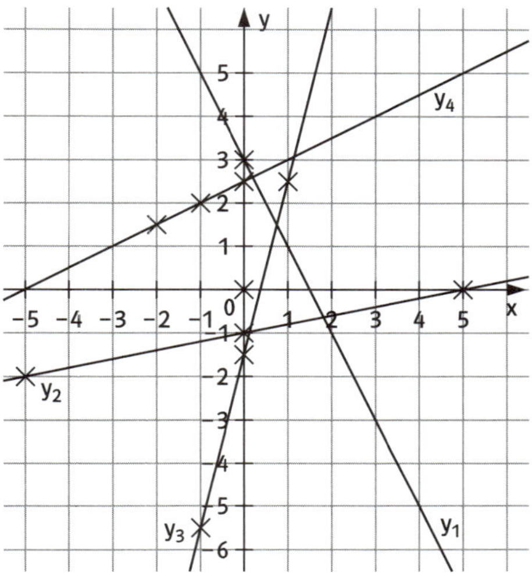

____

____

____

____

51 ●○○ Welche Funktion zu welchem Funktionsgraphen?

So gut war ich. ☺ 😐 ☹

Ordne richtig zu.

Zum Graphen von a) gehört:	(______)	(A)	$y = \frac{1}{2}x + 3$
Zum Graphen von b) gehört:	(______)	(B)	$y = -\frac{3}{4}x + 1$
Zum Graphen von c) gehört:	(______)	(C)	$y = 2{,}5x - 3$
Zum Graphen von d) gehört:	(______)	(D)	$y = -x + 6$

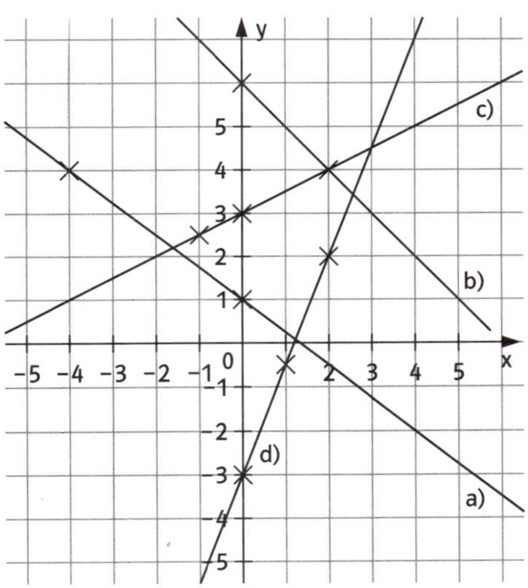

51) zu **a)** gehört (B); zu **b)** gehört (D); zu **c)** gehört (A); zu **d)** gehört (C)

50) $y_1 = -2x+3$; $y_2 = \frac{1}{5}x-1$; $y_3 = 4x-1{,}5$; $y_4 = -0{,}5x+2{,}5$

52 ●○○ Wertetabellen und Funktionsgleichungen

So gut war ich. ☺ 😐 ☹

Gib zu den Wertetabellen die zugehörigen Funktionsgleichungen an.

a)

x-Wert	−16	−8	0	4	8
y-Wert	9	7	5	4	3

y =

b)

x-Wert	−1,5	−0,5	0	1	2,5
y-Wert	−5,25	−2,25	−0,75	2,25	6,75

y =

53 ●●○ Punkte und Geraden

So gut war ich. ☺ 😐 ☹

Fülle die Tabelle aus.

Gegeben seien Geraden der Form $y = mx + b$ und Punkte $P_1(x_1|y_1)$ und $P_2(x_2|y_2)$, die auf der jeweiligen Geraden liegen.

	m	b	$P_1(x_1\|y_1)$	$P_2(x_2\|y_2)$	Nullstelle
a)	−2	2	$P_1(2\|\ \ )$	$P_2(\ \ \|4)$	1
b)			$P_1(0\|3)$	$P_2(3\|2)$	
c)	0,5	5	$P_1(\ \ \|5)$	$P_2(6\|\ \ )$	
d)	4		$P_1(-1\|\ \ )$	$P_2(\ \ \|-4)$	−2

52) a) $y = -\frac{1}{4}x + 5$; **b)** $y = 3x - 0{,}75$
53) a) $P(2|-2)$ und $P(-1|4)$; **b)** $m = -\frac{1}{3}$ und $b = 3$ und NS bei $x = 9$;
c) $P_1(0|5)$ und $P_2(6|8)$ und NS bei $x = -10$; **d)** $b = 8$ und $P_1(-1|4)$ und $P_2(-3|-4)$

54 ●●○ Finde die Funktionsgleichung

So gut war ich.

Ermittle die jeweilige Funktionsgleichung und ergänze die Wertetabelle.

a)

x	1	2	3	5	7	10
y	3		7			

y =

b)

x	−2	−1	0	1	3	4
y		2	−1			

y =

55 ●●○ Nullstellen finden

So gut war ich.

Bestimme zeichnerisch und rechnerisch die jeweilige Nullstelle folgender Geraden. Verwende hierzu ein kariertes Blatt Papier.

a) $y_1 = 3x - 4{,}5$

b) $y_2 = \frac{1}{2}x + 1{,}5$

c) $y_3 = -2x - 5$

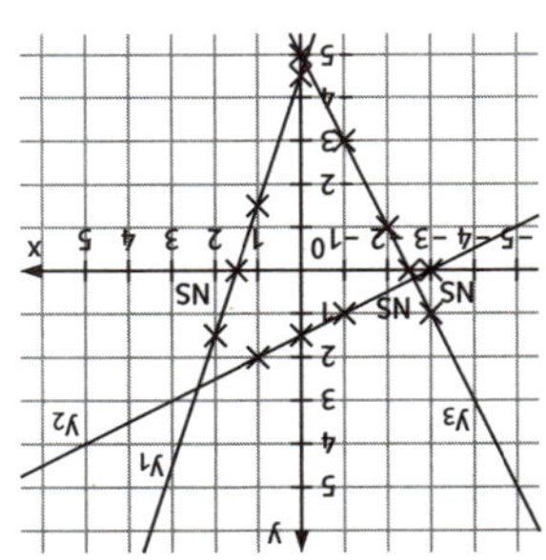

55) a) NS für y_1: $x = 1{,}5$; **b)** NS für y_2: $x = -3$; **c)** NS für y_3: $x = -2{,}5$

54) a) $y = 5$; $y = 11$; $y = 15$; $y = 21$; $y = 2x + 1$; **b)** $y = 5$; $y = -4$; $y = -10$; $y = -13$; $y = -3x - 1$

So gut war ich. ☺ 😐 ☹

56 ●●○ Bestimme die Funktionsgleichungen

Bestimme die Funktionsgleichungen linearer Funktionen, auf deren Graph der jeweilige Punkt P liegt und der die Steigung m hat.

a) $P(4\,|\,-8{,}5)$ und $m = -2$ b) $P\left(\frac{1}{5}\,\middle|\,\frac{7}{25}\right)$ und $m = \frac{2}{5}$

So gut war ich. ☺ 😐 ☹

57 ●●○ Bestimme wieder die Funktionsgleichungen

Gegeben seien $P_1(x_1\,|\,y_1)$ und $P_2(x_2\,|\,y_2)$. Ermittle die Steigung m durch $m = \frac{y_2 - y_1}{x_2 - x_1}$ und berechne den y-Achsenabschnitt. Stelle anschließend die Funktionsgleichung auf.

a) $P_1(3\,|\,6)$ und $P_2(-1\,|\,-2)$ b) $P_1(5\,|\,8)$ und $P_2(1\,|\,0)$

56) a) $y = -2x - 0{,}5$; **b)** $y = \frac{2}{5}x + \frac{1}{5}$

57) a) $y = 2x$; **b)** $y = 2x - 2$

58 ●●○ Wo schneiden sich zwei Geraden?

So gut war ich. ☺ 😐 ☹

Bestimme den jeweiligen Schnittpunkt S der Geraden.

a) $y = 3x - 2$ und $y = -x + 2$

b) $y = 0{,}5x + 0{,}5$ und $y = -0{,}25x + 2{,}5$

59 ●○○ Wie heißen diese Stellen?

So gut war ich. ☺ 😐 ☹

Ergänze.

a) Die Gerade $y = -2x + 3$ schneidet die x-Achse in N(___ | ___) und die y-Achse in P(___ | ___). Der x-Wert von N heißt ______________, der y-Wert von P heißt ______________.

b) Die Gerade $y = -0{,}25x + 1{,}25$ schneidet die x-Achse in N(___ | ___) und die y-Achse in P(___ | ___).

59) a) N(1,5 | 0) und P(0 | 3); Nullstelle, y-Achsenabschnitt; **b)** N(5 | 0) und P(0 | 1,25)

58) a) S(1 | 1); **b)** S$\left(\frac{8}{3} \middle| \frac{11}{6}\right)$

60 ●●○ Erstelle eine Geradengleichung

So gut war ich.

a) Sei $m = 3{,}7$ und der Schnittpunkt mit der y-Achse sei $P(0\,|\,7{,}4)$; der Nullpunkt sei

N(___|___). y = ____________________

b) Sei $m = -\frac{1}{3}$ und $N\left(\frac{3}{4}\,\middle|\,0\right)$. Der Schnittpunkt mit der y-Achse sei P(___|___).

y = ____________________

61 ●●○ Wie liegen diese Geraden zueinander?

So gut war ich.

Gegeben seien je zwei Geraden. Gib an, ob sie sich schneiden und wenn ja, in welchem Punkt. Beschreibe ihre Lage zueinander, wenn sie sich nicht schneiden.

a) $y_1 = 5x - 8$
und
$y_2 = 0{,}5x - 3{,}5$

b) $y_1 = -\frac{1}{3}x + \frac{5}{6}$
und
$y_2 = -\frac{1}{3}x + 11{,}2$

c) $y_1 = 3{,}5x + \frac{1}{5}$
und
$y_2 = \frac{7}{2}x + 0{,}2$

60) a) $y = 3{,}7x + 7{,}4$ und $N(-2\,|\,0)$; **b)** $y = -\frac{1}{3}x + \frac{1}{4}$ und $P\left(0\,\middle|\,\frac{1}{4}\right)$
61) a) Schnittpunkt $P(1\,|\,-3)$; **b)** Die Geraden sind zueinander parallel, da gleiche Steigung.
c) Die Geraden sind identisch, liegen aufeinander.

62 ●●○ Interpretiere, was du siehst

So gut war ich. ☺ 😐 ☹

Beschreibe, welchen Sachverhalt die Graphen darstellen. Notiere dies auf einem Extra-Blatt.

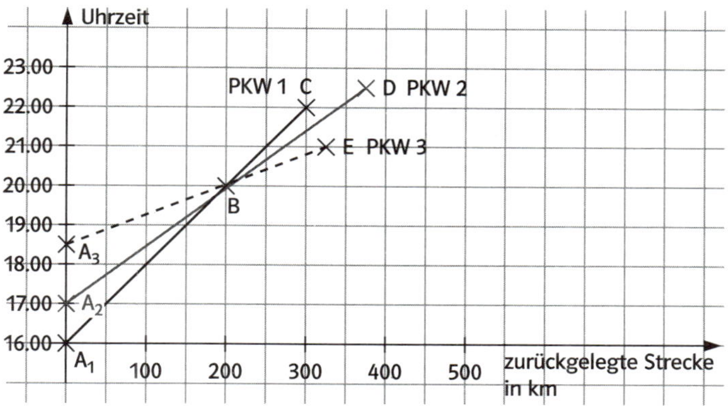

63 ●●○ Mach mal zwischendurch Pause

So gut war ich. ☺ 😐 ☹

Beschreibe, welchen Sachverhalt die Graphen darstellen. Notiere dies auf einem Extra-Blatt.

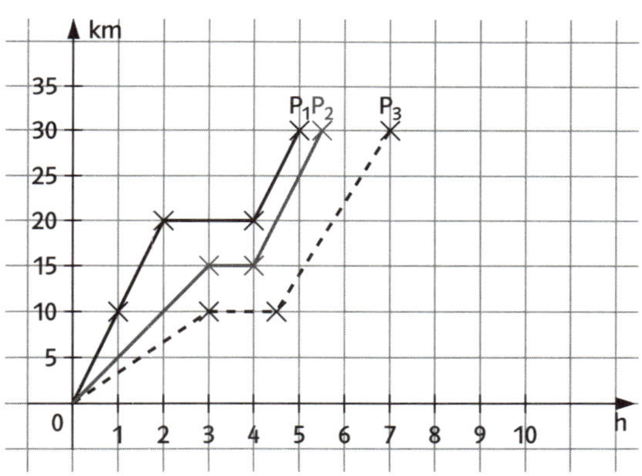

62) PKW 1 fährt um 16.00 h im Ort A_1 los und ist sechs Stunden später am Zielort C, der 300 km entfernt ist. Damit fährt er mit einer Geschwindigkeit von $50\frac{km}{h}$.
PKW 2 fährt um 17.00 h in A_2 los und ist 5,5 Stunden später in Zielort D, der 375 km weit entfernt ist. Die Geschwindigkeit beträgt ca. $68\frac{km}{h}$.
PKW 3 fährt um 18.30 h in A_3 mit einer Geschwindigkeit von $130\frac{km}{h}$ los und ist 2,5 Stunden später im 325 km entfernten Zielort E. Alle Pkws begegnen sich um 20.00 h bei Kilometer 200.

63) Person 1 läuft mit einer Geschwindigkeit von $10\frac{km}{h}$ los, macht nach zwei Stunden (nach 20 km) eine zweistündige Pause. Die letzten 10 km legt sie mit der Anfangsgeschwindigkeit zurück und erreicht den 30 km entfernten Zielort nach fünf Stunden.
Person 2 läuft mit einer Geschwindigkeit von $5\frac{km}{h}$ los, macht nach drei Stunden (nach 15 km) eine einstündige Pause. Die letzten 5 km legt sie mit doppelter Geschwindigkeit zurück und ist nach 5,5 Stunden am 30 km entfernten Zielort.
Person 3 braucht für die ersten zehn Kilometer drei Stunden, geht also mit einer Geschwindigkeit von ca. $3{,}3\frac{km}{h}$. Danach macht sie 1,5 h Pause und legt die restlichen 20 Kilometer mit $8\frac{km}{h}$ zurück. Sie trifft nach sieben Stunden am Zielort ein.

64 ●●○ Eigenschaften im Vergleich

So gut war ich. ☺ 😐 ☹

Trage die Buchstaben der angegebenen Funktionsgleichungen in die Tabelle ein.

Eigenschaften	Funktionsgleichungen
Steigung = 0,75	
Steigung negativ	
y-Achsenabschnitt > 0	
y-Achsenabschnitt < 0	
zueinander parallele Graphen	

a) $y = -\frac{1}{3}x + 5$

b) $y = 0{,}75x - 3$

c) $y = \frac{5}{3}x - 0{,}5$

d) $y = \frac{3}{4}x + 2$

e) $y = -2{,}5x$

f) $y = -\frac{5}{2}x + 1$

g) $y = -\frac{5}{2}x - 0{,}3$

h) $y = 0{,}95x - \frac{1}{2}$

65 ●●○ Bedienungsanleitung

So gut war ich. ☺ 😐 ☹

Zeichne die folgenden Graphen linearer Funktionen nach den Angaben in ein Koordinatensystem. Gib die Funktionsgleichung an. Fertige die Zeichnungen auf einem Extra-Blatt an.

a) $m = 2{,}5;\ b = -1$

b) $m = -2{,}5;\ b = 1{,}5$

c) $b = 4$; geht man um 2 Einheiten nach links, so muss man um 2 Einheiten nach unten.

d) $P(0\,|\,-2{,}5)$; geht man um 3 Einheiten nach rechts, muss man um 5 Einheiten nach oben.

64)
Steigung = 0,75: b); d)
Steigung negativ: a); e); f); g)
y-Achsenabschnitt > 0: a); d); f)
y-Achsenabschnitt < 0: b); c); g); h)
zueinander parallele Graphen:
b) und d); e); g) und f)

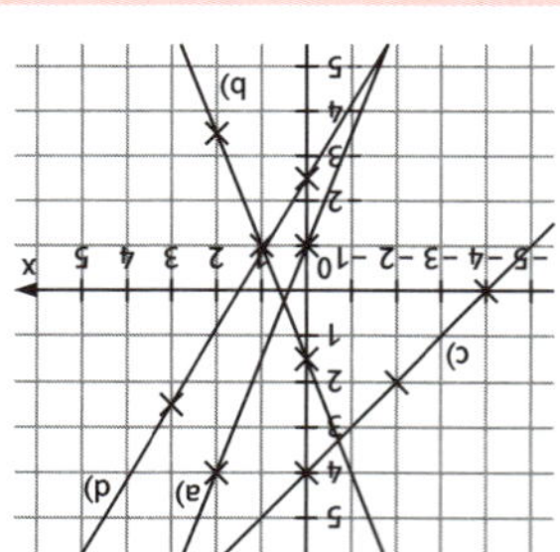

65) a) $y = 2{,}5x - 1$; **b)** $y = -2{,}5x + 1{,}5$; **c)** $y = x + 4$; **d)** $y = \frac{5}{3}x - 2{,}5$

66 ●○○ Alles ganz einfach

So gut war ich. ☺ 😐 ☹

Vereinfache die Terme.

a) $5a + 3a - 4a =$ ____

b) $37a^2 + 11a - 25a^2 =$ ____

c) $19ab - 13a + 4b - 19ab =$ ____

d) $101b^2 + 61b - 51b^2 + 9b =$ ____

e) $14cx - 25cx + 11c - 9xc =$ ____

67 ●○○ Das kannst du auch

So gut war ich. ☺ 😐 ☹

Fasse die Terme so weit wie möglich zusammen.

a) $3ab \cdot 15a^2b - 4a^2b \cdot 16ab^2 =$ ____

b) $5mnx \cdot 5mnx^2 - 5mn \cdot 5x =$ ____

c) $13v^3w^3 \cdot 4vw - 68v^4w^4 =$ ____

d) $9axp \cdot 9bxp + 11axp \cdot 11bxp =$ ____

e) $12am \cdot 12bm + 3bm \cdot 4am =$ ____

68 ●○○ Diesmal wird dividiert

So gut war ich. ☺ 😐 ☹

Führe die Divisionen durch.

a) $39a^2b^4 : 3a^2b^3 =$ ____

b) $52m^2n^2s^2 : 13mns =$ ____

c) $121u^2f^3y^4 : 11u^2f^3y^4 =$ ____

d) $64abx : 16x =$ ____

e) $999p^2q^5 : 111p^5q^2 =$ ____

68) a) $13b$; **b)** $4mns$; **c)** 11; **d)** $4ab$; **e)** $9\frac{q^3}{p^3}$

67) a) $45a^3b^2 - 64a^3b^3 = -19a^3b^3$; **b)** $25m^2n^2x^3 - 25mnx$; **c)** $52v^4w^4 - 68v^4w^4 = -16v^4w^4$;
d) $81abx^2p^2 + 121abx^2p^2 = 202abx^2p^2$; **e)** $144abm^2 + 12abm^2 = 156abm^2$

66) a) $4a$; **b)** $12a^2 + 11a$; **c)** $-13a + 4b$; **d)** $50b^2 + 70b$; **e)** $11c - 20cx$

69 ●○○ Jetzt wird multipliziert

So gut war ich. ☺ 😐 ☹

Multipliziere aus.

a) $63\,lam \cdot 3\,alm =$ ____

b) $9\,p \cdot 19\,p^2 \cdot 3\,p =$ ____

c) $7\,vam \cdot 11\,mav \cdot 3\,vma =$ ____

d) $140\,vlh^2 \cdot 3\,v^2lh \cdot 5\,vl^2h =$ ____

e) $601\,de^2 \cdot 3\,d^2e^2 \cdot 4\,d^2e =$ ____

70 ●○○ Terme mit Brüchen

So gut war ich. ☺ 😐 ☹

Fasse so weit wie möglich zusammen.

a) $\frac{3}{25}msv + \frac{7}{25}msv + \frac{11}{25}msv + \frac{4}{25}msv =$ ____

b) $\frac{1}{9}st^2 + \frac{5}{18}s^2t - \frac{4}{9}st^2 - \frac{7}{18}s^2t =$ ____

c) $\frac{1}{2}pq + \frac{1}{4}pq - \frac{1}{8}pq - \frac{1}{24}pq =$ ____

d) $\frac{4}{15}o^2 + \frac{4}{75}o^2t + \frac{9}{30}o^2 - \frac{4}{45}o^2t =$ ____

e) $\frac{9}{11}v^2s^2 - \frac{4}{33}v^2s^2 + \frac{6}{55}v^2s + \frac{7}{66}v^2s =$ ____

71 ●●○ Schon wieder Brüche!

So gut war ich. ☺ 😐 ☹

Fasse so weit wie möglich zusammen.

a) $\frac{1}{2}xp^2 \cdot \frac{2}{3}x^2p - \frac{5}{6}xp^2 \cdot \frac{12}{15}x^2p =$ ____

b) $\frac{3}{8}mno \cdot \frac{8}{3}mno - o^2n^2m^2 =$ ____

c) $\frac{11}{5}x^2u^2s^2 \cdot \frac{25}{44x^2u^2s^2} - \frac{5}{4} =$ ____

d) $\frac{36}{49}k^3d^3 \cdot \frac{7}{6}kd + \frac{6}{7}k^4d^4 =$ ____

e) $\frac{23}{45}cdef \cdot \frac{90\,ef}{46\,cd} + e^2f^2 =$ ____

69) a) $189\,a^2l^2m^2$; **b)** $513\,p^4$; **c)** $231\,a^3m^3v^3$; **d)** $2100\,v^4l^4h^4$; **e)** $7212\,d^5e^5$

70) a) msv; **b)** $-\frac{1}{3}st^2 - \frac{1}{9}s^2t$; **c)** $\frac{7}{12}pq$; **d)** $\frac{17}{30}o^2 - \frac{8}{225}o^2t$; **e)** $\frac{23}{33}v^2s^2 + \frac{71}{330}v^2s$

71) a) $-\frac{1}{3}x^3p^3$; **b)** 0; c) 0; **d)** $\frac{12}{7}k^4d^4$; **e)** $2\,e^2f^2$

72 ●○○ Terme mit Dezimalbrüchen

So gut war ich. ☺ 😐 ☹

Vereinfache durch Zusammenfassen.

a) $8{,}4u + 9{,}6uv - 3{,}7u - 4{,}2uv =$ ______

b) $11{,}6am - 3{,}6a^2m - 3{,}4am + 11{,}3a^2m =$ ______

c) $9{,}99e^2o^2 - 4{,}44e^2o^2 + 101{,}01eo - 5{,}55e^2o^2 =$ ______

d) $26{,}3qrs^2 + 8{,}64qrs - 8{,}64qrs^2 =$ ______

e) $6{,}91x^2pf^2 - 3{,}84xp^2f + 4{,}06x^2pf^2 =$ ______

73 ●●○ Und noch einmal Dezimalbrüche

So gut war ich. ☺ 😐 ☹

Vereinfache wieder durch Zusammenfassen.

a) $16{,}44xm \cdot 1{,}2xm + 4{,}8xm \cdot 0{,}2xm =$ ______

b) $8{,}03pli \cdot 0{,}83pli + 1{,}02lpi \cdot 0{,}04lpi =$ ______

c) $205{,}11u^2p^2 \cdot \frac{3{,}8}{u^2p^2} + 4u^2p^2 =$ ______

d) $0{,}3xyz \cdot 0{,}3xyz - 0{,}09z^2y^2x^2 =$ ______

e) $72{,}2pz^2 \cdot 0{,}6zp^2 + 31{,}4p^3z^3 =$ ______

74 ●○○ Hier kannst du enorm verkürzen

So gut war ich. ☺ 😐 ☹

Vereinfache die folgenden Terme, indem du so weit wie möglich zusammenfasst.

a) $(a + b) - (b - a) - (-b + a) + (-a - b) =$ ______

b) $3{,}8z^2 - 1{,}2z + 2{,}7z - 11{,}3z^2 - 8z =$ ______

c) $\frac{3}{5} - \left(\frac{1}{10} - \frac{1}{5}a\right) + \frac{7}{10}a =$ ______

d) $6pqr^2 - 19p^2q^2r^2 + 23pqr^2 + 26p^2q^2r^2 =$ ______

74) a) 0; **b)** $-7{,}5z^2 - 6{,}5z$; **c)** $\frac{1}{2} + \frac{9}{10}a$; **d)** $29pqr^2 + 7p^2q^2r^2$

73) a) $20{,}688x^2m^2$; **b)** $6{,}7057p^2l^2i^2$; **c)** $779{,}418 + 4u^2p^2$; **d)** 0; **e)** $74{,}72p^3z^3$

72) a) $4{,}7u + 5{,}4uv$; **b)** $8{,}2am + 7{,}7a^2m$; **c)** $101{,}01eo$; **d)** $8{,}64qrs + 17{,}66qrs^2$; **e)** $10{,}97x^2pf^2 - 3{,}84xp^2f$

75 ●○○ Suche gleiche Terme

So gut war ich.

Unterstreiche alle Terme, die – nach entsprechender Umformung – gleich sind.

a) $8a + 16b$ = ______

b) $-2(4a - 8b)$ = ______

c) $\frac{1}{2}(16a + 32b)$ = ______

d) $(256b + 128a)\frac{1}{16}$ = ______

e) $-(8a - 16b)$ = ______

f) $4(2a + 4b)$ = ______

g) $\frac{1}{12}(144a + 192b)$ = ______

h) $16b - (-8a)$ = ______

76 ●●○ Wo liegt der Fehler?

So gut war ich.

In allen Aufgaben sind Fehler gemacht worden. Finde sie und schreibe den Term richtig auf.

a) Multipliziere aus.

$-\frac{1}{3}(9a - 81b) = -3a - 27b$ = ______

b) Faktorisiere.

$54a^2 \cdot b + 36ab + 18 = 18(3a^2b + 2ab)$ = ______

c) Löse auf.

$(mn + 4)^2 = m^2n^2 + 16$ = ______

77 ●●○ Klammer mal Klammer

So gut war ich. ☺ 😐 ☹

Multipliziere aus und fasse zusammen.

a) $5x \cdot (x+9) \cdot (x-2) =$ ______

b) $(3b-2) \cdot (5+3b) \cdot 3 =$ ______

c) $(3+a) \cdot (5+a) \cdot (7+a) =$ ______

d) $(4a+1) \cdot (6a+2) \cdot (3a+4) =$ ______

e) $(2x+4y) \cdot (8x-3y) \cdot 6 =$ ______

78 ●●○ Finde das passende Ergebnis

So gut war ich. ☺ 😐 ☹

Multipliziere aus und fasse anschließend so weit wie möglich zusammen. Ordne dein Ergebnis dem passenden vorgegebenen Ergebnis zu.

a) $(8a-3b) \cdot (2a+9b) =$ ______

b) $5 \cdot (6a+1{,}5b) - 3 \cdot (2{,}5a-4b) =$ ______

c) $(6a+b) \cdot (0{,}5a+b) + (0{,}25a+4b) \cdot (8a+0{,}25b) =$ ______

d) $(a+12b) \cdot (3a-2b) \cdot 4 - 6 \cdot (a-12b) \cdot (3a+2b) =$ ______

(A) $22{,}5a+19{,}5b$	(B) $5a^2+38{,}5625ab+2b^2$	(C) $-6a^2+340ab+48b^2$	(D) $16a^2+66ab-27b^2$

77) a) $5x^3+35x^2-90x$; **b)** $27b^2+27b-30$; **c)** $a^3+15a^2+71a+105$; **d)** $72a^3+138a^2+62a+8$; **e)** $96x^2+156xy-72y^2$

78) (A) → **b)**; (B) → **c)**; (C) → **d)**; (D) → **a)**

79 ●○○ Hier fällt dir das Ausklammern leicht

So gut war ich.

Klammere so weit wie möglich aus.

a) $24x^3 - 8x^2$ = ____

b) $44u^6v^6 + 11u^7v^7$ = ____

c) $63 + 81a^2$ = ____

d) $220e^4 + 330e^4f$ = ____

e) $99u^3 - 198u^2 + 297u$ = ____

80 ●○○ Alles braucht seine Übung

So gut war ich.

Faktorisiere so weit wie möglich.

a) $\frac{1}{9}u^2 - \frac{4}{9}u$ = ____

b) $\frac{1}{3}a^2b^2 + \frac{1}{9}a^2b + \frac{1}{6}ab^2$ = ____

c) $95axy + 190bxy + 95$ = ____

d) $1{,}8pqr + 3{,}6pqr + 5{,}4pqr + 9pqr$ = ____

e) $\frac{a^2}{u} + \frac{b^2}{u} + \frac{c^2}{u}$ = ____

81 ●○○ Und noch einmal

So gut war ich.

Klammere so weit wie möglich aus.

a) $24x^3 - 8x^2 + 72x^4$ = ____

b) $64m^2 - 16mn$ = ____

c) $25v^6w^6 + 75v^4w^4 + 5v^3w^4$ = ____

d) $\frac{1}{7}fg^2 + \frac{3}{7}fg^2 - \frac{5}{7}f^2g^2$ = ____

e) $3a^2 + 9ab + 6ab^2$ = ____

81) a) $8x^2(3x-1+9x^2)$; **b)** $16m(4m-n)$; **c)** $5v^3w^4(5v^3w^2+15v+1)$; **d)** $\frac{1}{7}fg^2(4-5f)$; **e)** $3a(a+3b+2b^2)$

80) a) $\frac{1}{9}u(u-4)$; **b)** $\frac{1}{3}ab\left(ab+\frac{1}{3}a+\frac{1}{2}b\right)$; **c)** $95(axy+2bxy+1)$; **d)** $19{,}8pqr$; **e)** $\frac{1}{u}(a^2+b^2+c^2)$

79) a) $8x^2(3x-1)$; **b)** $11u^6v^6(4+uv)$; **c)** $9(7+9a^2)$; **d)** $110e^4(2+3f)$; **e)** $99u(u^2-2u+3)$

82 ●●● Hier ist mehr zu tun

So gut war ich. ☺ 😐 ☹

Faktorisiere.

Beachte, dass du manchmal erst die Summenschreibweise mittels binomischer Formeln in die Produktschreibweise umformen musst.

a) $(u+v)^2\,(u-v)^2 + (u+v)\,(u-v) =$ ____________________

b) $(2a-2b)\,(2a+2b) + 2(a-b) + 2(a+b) =$ ____________________

c) $m^2 + 2mn + n^2 + (m^2-2mn+n^2)\,(m+n) =$ ____________________

d) $4x^2 + 4xy + y^2 + 4x^2 - y^2 =$ ____________________

83 ●○○ Ganz leicht

So gut war ich. ☺ 😐 ☹

Löse die binomischen Formeln auf.

a) $(3 + s)^2 =$ ____________________

b) $(t - 4)^2 =$ ____________________

c) $(2u + w)^2 =$ ____________________

d) $(p - 6q)^2 =$ ____________________

e) $\left(\frac{1}{2}a - m\right)^2 =$ ____________________

f) $\left(b + \frac{1}{3}n\right)^2 =$ ____________________

84 ●○○ Suche nach den richtigen Lösungen

So gut war ich. ☺ 😐 ☹

Ordne die richtigen Lösungen zu.

a)	$(5 - 6a)^2$
b)	$9a^2 + 6a + 1$
c)	$(6a + 5)^2$
d)	$2\,(4a + 1)^2$
e)	$9a^2 - 6a + 1$
f)	$\frac{1}{2}(4a + 1)^2$

(A)	$32a^2 + 16a + 2$
(B)	$(3a - 1)^2$
(C)	$25 - 60a + 36a^2$
(D)	$8a^2 + 4a + \frac{1}{2}$
(E)	$(3a + 1)^2$
(F)	$36a^2 + 60a + 25$

82) a) $(u+v)\,(u-v)\,[(u+v)\,(u-v)+1]$ oder $(u^2-v^2)[u^2-v^2+1]$; **b)** $4(a^2-b^2+a)$; **c)** $(m+n)\,[(m+n)+(m-n)^2]$; **d)** $(2x+y)\,4x$

83) a) $9+6s+s^2$; **b)** $t^2-8t+16$; **c)** $4u^2+4uw+w^2$; **d)** $p^2-12pq+36q^2$; **e)** $\frac{1}{4}a^2-am+m^2$; **f)** $b^2+\frac{2}{3}bn+\frac{1}{3}n^2$

84) a) → (C); **b)** → (E); **c)** → (F); **d)** → (A); **e)** → (B); **f)** → (D)

85 ●○○ Umgang mit der dritten binomischen Formel

So gut war ich. ☺ 😐 ☹

Berechne.

a) $9a^2 - 81b^2 =$ ______

b) $\left(\frac{1}{2}a+\frac{1}{2}\right)\left(\frac{1}{2}a-\frac{1}{2}\right) =$ ______

c) $49 - 121u^2 =$ ______

d) $(1{,}1u - 1{,}1v)(1{,}1u + 1{,}1v) =$ ______

e) $1{,}69m^2 - 1{,}69 =$ ______

f) $\frac{1}{4}p^2 - \frac{1}{16}q^2 =$ ______

86 ●●○ Alles querbeet

So gut war ich. ☺ 😐 ☹

Verwandle die binomischen Formeln.

a) $(0{,}9e + 0{,}3f)^2 =$ ______

b) $0{,}81e^2 - 0{,}09f^2 =$ ______

c) $7\left(\frac{1}{7}s - \frac{1}{7}t\right)^2 =$ ______

d) $\frac{1}{36}a^2 - \frac{1}{36}b^2 =$ ______

e) $289x^2 - 34xy + y^2 =$ ______

87 ●●○ Binomische Formeln helfen beim Faktorisieren

So gut war ich. ☺ 😐 ☹

Klammere aus unter Zuhilfenahme binomischer Formeln.

a) $2a^2 + 4ax + 2x^2 =$ ______

b) $20u^2 + 40uy + 45y^2 =$ ______

c) $3 - 6b + 3b^2 =$ ______

d) $0{,}5e^2 + e + 0{,}5 =$ ______

85) a) $(3a+9b)(3a-9b)$; **b)** $\frac{1}{4}a^2-\frac{1}{4}$; **c)** $(7+11u)(7-11u)$; **d)** $1{,}21u^2-1{,}21v^2$; **e)** $(1{,}3m+1{,}3)(1{,}3m-1{,}3)$; **f)** $\left(\frac{1}{2}p+\frac{1}{4}q\right)\left(\frac{1}{2}p-\frac{1}{4}q\right)$

86) a) $0{,}81e^2+0{,}54ef+0{,}09f^2$; **b)** $(0{,}9e+0{,}3f)(0{,}9e-0{,}3f)$; **c)** $\frac{1}{7}s^2-\frac{2}{7}st+\frac{1}{7}t^2$; **d)** $\left(\frac{1}{6}a+\frac{1}{6}b\right)\left(\frac{1}{6}a-\frac{1}{6}b\right)$; **e)** $(17x-y)^2$

87) a) $2(a+x)^2$; **b)** $5(2u+3y)^2$; **c)** $3(1-b)^2$; **d)** $0{,}5(e+1)^2$

88 ●●○ Immer wieder ausklammern

So gut war ich. ☺ 😐 ☹

Klammere aus.

a) $15a - 45a + 30ab =$ ____________________

b) $24x^2y^3z + 144x^2y^3z^4 - 12x^2y^3z^2 =$ ____________________

c) $\frac{2}{5}m^4n^4 + \frac{6}{5}m^2n^3 + \frac{2}{25}m^3n^2 =$ ____________________

d) $(x+3)(x-3) + x^2 - 9 =$ ____________________

89 ●●○ Ausgesprochen hilfreich

So gut war ich. ☺ 😐 ☹

Berechne das Ergebnis zunächst mit dem Taschenrechner. Überlege dann, wie du die jeweilige Zahl unter Zuhilfenahme binomischer Formeln so in eine Summe zerlegen kannst, dass du es gut im Kopf berechnen könntest.

a) $21^2 =$ ____________________

b) $39^2 =$ ____________________

c) $102^2 =$ ____________________

d) $199^2 =$ ____________________

e) $52^2 =$ ____________________

88 a) $15a(a-3+2b)$; **b)** $12x^2y^3z(2+12z^3-z)$; **c)** $\frac{2}{5}m^2n^2\left(m^2n^2+3n+\frac{1}{5}m\right)$; **d)** $(x^2-9)\cdot 2$

89 a) $21^2 = (20+1)^2 = 400+40+1 = 441$; **b)** $39^2 = (40-1)^2 = 1600-80+1 = 1521$;
c) $102^2 = (100+2)^2 = 10\,000+400+4 = 10\,404$; **d)** $199^2 = (200-1)^2 = 40\,000-400+1 = 39\,601$;
e) $52^2 = (50+2)^2 = 2500+200+4 = 2704$

90 ●●○ Geometrische Darstellung

So gut war ich. ☺ 😐 ☹

Wähle $a = 3\,cm$ und $b = 2\,cm$.
Stelle den Sachverhalt: $(a+b)^2 = a^2 + 2ab + b^2$ zeichnerisch unter Verwendung der Längenmaße für a und b dar.

90)

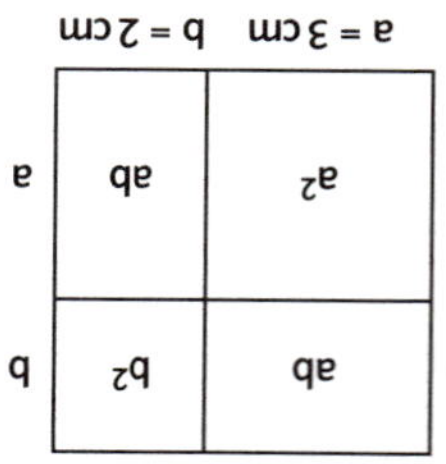

91 ●●○ Wann ist alles Null?

So gut war ich. ☺ 😐 ☹

Faktorisiere, falls nötig. Gib an, bei welchen Zahlen der Term Null wird.

a) $9x^2 + x =$ ______

b) $(x-4)^2 =$ ______

c) $x(2x-0{,}5) =$ ______

d) $x\left(x-\frac{1}{3}\right) =$ ______

e) $(x-5)(5+x) =$ ______

f) $12x^2 + 3x - 24x^2 =$ ______

92 ●●○ Jetzt wird es konkret

So gut war ich. ☺ 😐 ☹

Setze in alle Terme nacheinander ein: $x = 0$ und $y = 0$; $x = 1{,}5$ und $y = 3$; $x = -2{,}5$ und $y = -0{,}1$ und berechne dann mit dem Taschenrechner.

a) $30xy^2 - 15x + 23y =$ ______ ; ______ ; ______

b) $0{,}3xy^2 - 4{,}2x + 6{,}8y =$ ______ ; ______ ; ______

c) $x^3y^3 + 9xy^2 + 9xy =$ ______ ; ______ ; ______

d) $2\frac{3}{4}x^3y^3 - 1\frac{1}{6}x^4y^2 + 5\frac{5}{8}x^4y^3 =$ ______ ; ______ ; ______

91 a) $x = 0$; $x = -\frac{1}{9}$; **b)** $x = 4$; **c)** $x = 0$; $x = 0{,}25$; **d)** $x = 0$; $x = \frac{1}{3}$; **e)** $x = 5$; $x = -5$; **f)** $x = 0$; $x = 0{,}25$

92 a) 0; 451,5; 34,45; **b)** 0; 18,15; 9,8125; **c)** 0; 253,125; 2,040625; **d)** 0; 966,3046875; –0,63249

93 ●●○ Finde den fehlenden Term

So gut war ich.

Ergänze in den freien Kästchen den fehlenden Term.

a) $\square \cdot 4a^2b^3c = 24a^2b^5c^2$

b) $12x^4y^4z^2 : \square = 3xyz$

c) $\frac{1}{2}m^5n^3o^4pq \cdot \square = \frac{1}{8}m^6n^4o^4p^2q^2$

d) $0{,}25k^2lm^4 \cdot \square = 8k^5l^4m^4$

94 ●●○ Finde den fehlenden Term

So gut war ich.

Ergänze in den freien Kästchen den fehlenden Term.

a) $(a+4b)\,\square = 12a^2b + 48ab^2$

b) $\square \cdot (x^2y^2 - 25x) = 3x^3y^4z^3 - 75x^2y^2z^3$

c) $7pq\left(\square + 3\right) = 14p^6q^6 + 21pq$

d) $\left(uvw + \square\right)\left(\square + 5\right) = u^2v^2w^2 + 5uvw + 3u^3vw + 15u^2$

93) a) $6b^2c$; **b)** $4x^3y^3z$; **c)** $\frac{1}{4}mnpq$; **d)** $32k^3l^3$

94) a) $12ab$; **b)** $3xy^2z^3$; **c)** $2p^5q^5$; **d)** $3u^2$ und uvw

95 ●●○ Finde den fehlenden Term

So gut war ich. ☺ 😐 ☹

Ergänze in den freien Kästchen den fehlenden Term.

a) $\square\,(12ab - 10a^2b + 30ab^2) = 60a^2b^2 - 50a^3b^2 + 150a^2b^3$

b) $(3m+n)\,\square = 3m^2 + 10mn + 3n^2$

c) $45p^2q^2 - 35p^3q^3 + 55p^3q^2 = 5p^2q^2 \cdot \square$

d) $5e + 50 + ef + 10f = (5+f) \cdot \square$

96 ●●○ Finde den fehlenden Term

So gut war ich. ☺ 😐 ☹

Ergänze in den freien Kästchen den fehlenden Term.

a) $16a^2 - 24ab\,\square\,\square = (\square\,\square\,\square)^{\square}$

b) $49p^2\,\square\,\square + 81q^2 = (\square + \square)^{\square}$

c) $(\square\,\square\,\square)(\square\,\square\,\square) = 25x^2 - 625y^2$

d) $\square - 32mn\,\square\,\square = (\square\,\square\,\square)^{\square}$

95) a) $5ab$; **b)** $(m+3n)$; **c)** $(9-7pq+11p)$; **d)** $(e+10)$

96) a) $+9b^2$ und $(4a-3b)^2$; **b)** $+126pq$ und $(7p+9q)^2$; **c)** $(5x-25y)(5x+25y)$;
d) $16m^2$ und $16n^2$ und $(4m-4n)^2$

97 ●●○ Welcher Term passt zur Aussage?

So gut war ich.

Kreuze jeweils den Term an, der die Textaussage wiedergibt. Gib anschließend den Wert des passenden Terms an. Runde das Ergebnis auf zwei Nachkommastellen.

Dividiere die Summe der Zahlen 13,5 und 48 durch die Differenz des Quadrates von 15 und 46.

☐ [A] $13{,}5 + 48 : 15^2 - 46^2 =$ ______

☐ [B] $(13{,}5 + 48) : 15^2 - 46^2 =$ ______

☐ [C] $(13{,}5 + 48) : (15 - 46)^2 =$ ______

☐ [D] $13{,}5 + 48 : 15 - 46^2 =$ ______

98 ●●○ Welcher Term passt zur Aussage?

So gut war ich.

Kreuze jeweils den Term an, der die Textaussage wiedergibt. Gib anschließend den Wert des passenden Terms an. Runde das Ergebnis auf zwei Nachkommastellen.

Subtrahiere vom Dreifachen der Summe der Zahlen $\sqrt{2}$ und $\sqrt{3}$ die Summe des Fünffachen der Quadrate von $\sqrt{2}$ und $\sqrt{3}$.

☐ [A] $3\sqrt{2} + \sqrt{3} - 5\sqrt{2}^2 + 3\sqrt{2}^2 =$ ______

☐ [B] $3(\sqrt{2} + \sqrt{3}) - (5\sqrt{2}^2 + \sqrt{3}^2) =$ ______

☐ [C] $3(\sqrt{2} + \sqrt{3}) - 5(\sqrt{2} + \sqrt{3})^2 =$ ______

☐ [D] $3(\sqrt{2} + \sqrt{3}) - [5(\sqrt{2} + \sqrt{3})]^2 =$ ______

97) [C] ist richtig; ≈ 0,06
98) [B] ist richtig; ≈ −15,56

99 ●●○ Welcher Term passt zur Aussage?

So gut war ich.

Kreuze jeweils den Term an, der die Textaussage wiedergibt. Gib anschließend den Wert des passenden Terms an.

Subtrahiere vom Produkt der Zahlen $\sqrt{a}$ und $\sqrt{ab^2}$ den Quotienten der Zahlen $\sqrt{a^2}$ und $\sqrt{a^4}$.

☐ [A] $\sqrt{a} \cdot \sqrt{ab^2} - \sqrt{a^4} : \sqrt{a^2}$ = ____________________

☐ [B] $\sqrt{a} \cdot \sqrt{ab^2} + \sqrt{a^2} : \sqrt{a^4}$ = ____________________

☐ [C] $\sqrt{a} \cdot \sqrt{ab^2} - \sqrt{a^2} \cdot \sqrt{a^4}$ = ____________________

☐ [D] $\sqrt{a} \cdot \sqrt{ab^2} - \sqrt{a^2} : \sqrt{a^4}$ = ____________________

100 ●●○ Welcher Term passt zur Aussage?

So gut war ich.

a) Kreuze die Terme an, die die Textaussage wiedergeben.

Dividiere die Hälfte der Summe aus a^6, b^3 und a^6b^3 durch ein Drittel der Differenz aus a^5 und a^3.

☐ [A] $\frac{1}{2}(a^6+b^3+a^6b^3) : \frac{1}{3}(a^5-a^3)$ = ____________________

☐ [B] $0{,}5(a^6+b^3+a^6b^3) : \frac{1}{3}a^5-a^3$ = ____________________

☐ [C] $\frac{1}{2}a^6+b^3+a^6b^3 : \frac{1}{3}a^5-a^3$ = ____________________

☐ [D] $\left(\frac{1}{2}a^6+\frac{1}{2}b^3+\frac{1}{2}a^6b^3\right) : \left(\frac{1}{3}a^5-\frac{1}{3}a^3\right)$ = ____________________

b) Formuliere eine eigene Textaussage zum Term:

$2(x^2+x^3+x^4) - \frac{1}{4}(x^2-x^3)$

99) [D] ist richtig: $|ab| - \frac{1}{a^2}$

100) a) [A] und [D] sind richtig; **b)** Subtrahiere vom Doppelten (Zweifachen) der Summe aus x^2, x^3 und x^4 den vierten Teil der Differenz aus x^2 und x^3.

101 ●○○ Hier musst du Klammern setzen

So gut war ich. ☺ 😐 ☹

Damit das Ergebnis stimmt, müssen Klammern gesetzt werden.

a) $24 \cdot 6 - 6 + 8 = 8$

b) $24 : 6 - 6 \cdot 3 + 2 = -26$

c) $3 + x \cdot 3 + 2 \cdot 5 + x = 5x + 19$

d) $u + v \cdot u - v = u^2 - v^2$

e) $2x + 2y \cdot 2x + 2y = 4x^2 + 8xy + 4y^2$

102 ●○○ Hier dasselbe ohne Klammern

So gut war ich. ☺ 😐 ☹

Berechne oder vereinfache die Aufgaben aus Kurztest 101 ohne Klammersetzung.

a) $24 \cdot 6 - 6 + 8 =$ ______

b) $24 : 6 - 6 \cdot 3 + 2 =$ ______

c) $3 + x \cdot 3 + 2 \cdot 5 + x =$ ______

d) $u + v \cdot u - v =$ ______

e) $2x + 2y \cdot 2x + 2y =$ ______

101) a) $24 \cdot (6-6) + 8 = 8$; **b)** $24 : 6 - 6 \cdot (3+2) = -26$; **c)** $(3+x) \cdot 3 + 2 \cdot (5+x) = 5x + 19$; **d)** $(u+v) \cdot (u-v) = u^2 - v^2$; **e)** $(2x+2y) \cdot (2x+2y) = 4x^2 + 8xy + 4y^2$

102) a) 146; **b)** −12; **c)** $4x + 13$; **d)** $u + uv - v$; **e)** $2x + 4xy + 2y$

103 ●○○ Multiplikation ganz einfach

So gut war ich. ☺ 😐 ☹

Vereinfache die Bruchterme. Denke dabei ans Kürzen.

a) $\frac{16a^2 \cdot 25b^2}{5b \cdot 4a} =$

b) $\frac{ay}{bx^2} \cdot b^2x^2 =$

c) $\left(\frac{-6y}{2}\right)^2 =$

d) $\frac{15m^2n^2}{64mn^2} \cdot \frac{16m^2n}{45mn} =$

104 ●●○ Jetzt musst du aufpassen bei der Multiplikation

So gut war ich. ☺ 😐 ☹

Vereinfache die Bruchterme.

Tipp: • **Aus einer Summe darf nicht gekürzt werden.**
• **Nimm die binomischen Formeln zu Hilfe.**

a) $\frac{16a^2}{x+y} \cdot \frac{8(x+y)}{64a} =$

b) $\frac{y}{(a-b)(a+b)} \cdot \frac{a^2-b^2}{y-1} =$

c) $\frac{(m-n)^2 \cdot (m^2-n^2)}{m^2+2mn+n^2} =$

d) $(5-b)^2 \cdot \frac{b^2+b}{25b-b^3} =$

104) a) $2a$; **b)** $\frac{y}{y-1}$; **c)** $\frac{(m-n)^3}{m+n}$; **d)** $\frac{(5-b)(b+1)}{5+b}$

103) a) $20ab$; **b)** aby; **c)** $9y^2$; **d)** $\frac{m^2}{12}$

105 ●○○ Division ist auch nicht schwer

So gut war ich. 🙂 😐 🙁

Vereinfache. Denke ans Kürzen und an die Multiplikation mit dem Kehrbruch.

a) $\frac{x}{8} : \frac{1}{4} =$

b) $28\,ax : \frac{7x}{8a^2} =$

c) $\frac{9m^2 18n}{15pq} : \frac{81mn}{25p^2q^2} =$

d) $\left(\frac{a}{b} : \frac{11}{b}\right) : \frac{b^2}{77} =$

106 ●●○ Vorsicht Falle!

So gut war ich. 🙂 😐 🙁

Vereinfache.

Tipp:
- **Aus einer Summe darf nicht gekürzt werden.**
- **Bruchstrich ersetzt die Klammern.**
- **Achte auf binomische Formeln.**

a) $\frac{3a+4b}{5} : \frac{4b+3a}{75} =$

b) $\frac{x-y}{x+y} : \frac{y+x}{x-y} =$

c) $\frac{3(r-s)}{49(r-s)} : \frac{9(r^2-s^2)}{(r-s)\cdot 7} =$

d) $(25u^2-20uv+4v^2) : \frac{(5u-2v)^2}{130u^2v^2} =$

105) a) $\frac{x}{2}$; **b)** $32a^3$; **c)** $\frac{10}{3}mpq$; **d)** $\frac{7a}{b^2}$

106) a) 15; **b)** $\frac{(x-y)^2}{(x+y)^2}$; **c)** $\frac{1}{21(r+s)}$; **d)** $130u^2v^2$

107 ●●○ Veränderung und Vereinfachung

So gut war ich. ☺ 😐 ☹

Schreibe die folgenden Bruchterme als Summe bzw. als Differenz aus einer Zahl und einem Bruchterm.

a) $\frac{9+3m^2}{6m^2} =$

b) $\frac{-2x^2+4}{x^2} =$

c) $\frac{-(2a+2)(a-1)+a^2}{1-a^2} =$

d) $\frac{-b-6-(b+6)^2}{b^2} =$

108 ●●○ Kennst du noch Doppelbrüche?

So gut war ich. ☺ 😐 ☹

Vereinfache.

a) $\frac{\frac{3m+4n}{30}}{\frac{4n+3m}{180}} =$

b) $\frac{\frac{p+q}{p-q}}{\frac{p-q}{p+q}} =$

c) $\frac{16u^2-8u+1}{\frac{(4u-1)^2}{u^2v^2}} =$

d) $\frac{\frac{c-b}{b}}{bc-b^2} =$

108) a) 6; **b)** $\frac{(p+q)^2}{(p-q)^2}$; **c)** u^2v^2; **d)** $\frac{1}{b^2}$

107) a) $\frac{3}{2m^2}+\frac{1}{2}$; **b)** $-2+\frac{4}{x^2}$; **c)** $2+\frac{a^2}{1-a^2}$; **d)** $\frac{-13b-42}{b^2}-1$

109 ●○○ Hauptnenner! Hauptnenner!

So gut war ich. ☺ 😐 ☹

Fasse zusammen.

a) $\frac{5}{3-4a} - \frac{-3}{3-4a} =$

b) $\frac{25a^2-23a+5}{a-1} + \frac{-24a^2+22a-5}{a-1} =$

c) $-\frac{(2x+3)^2}{24y} + \frac{(3x+2)^2}{16y} =$

d) $\frac{x^2+3}{15x} - \frac{x^2-3}{45x} =$

110 ●●○ Und nochmals Hauptnenner!

So gut war ich. ☺ 😐 ☹

Addiere bzw. subtrahiere die Bruchterme.

a) $\frac{-16}{p+4} + \frac{16p}{p^2+8p+16} =$

b) $\frac{5{,}5}{3m+3} - \frac{5{,}5}{5+5m} =$

c) $9a+1 - \frac{8}{3a+3} =$

d) $\frac{8}{x-y} - \frac{9}{x+y} =$

109) a) $\frac{8}{3-4a}$; **b)** a; **c)** $\frac{19x^2+12x-6}{48y}$; **d)** $\frac{2x^2+12}{45x}$

110) a) $\frac{-64}{(p+4)^2}$; **b)** $\frac{11}{15m+15}$; **c)** $\frac{27a^2+30a-5}{3a+3}$; **d)** $\frac{-x+17y}{x^2-y^2}$

111 ●●○ Finde den fehlenden Term

So gut war ich. ☺ 😐 ☹

Ergänze in den freien Kästchen den fehlenden Term.

a) $\frac{28a^4b}{44b^4a} = \frac{7a^3}{\square}$ b) $\frac{\square}{x^2 - y^2} = \frac{(x-y)}{(x+y)}$ c) $\frac{4mn}{7pq} = \frac{\square}{21mpq + 14npq}$

112 ●●○ Lösung oder doch nicht?

So gut war ich. ☺ 😐 ☹

Gib zu den Gleichungen die Lösungsmengen an. Bestimme immer erst die Definitionsmenge, um auszuschließen, dass sich eine Lösung einschleicht, die nicht sein darf.

Tipp: Null im Nenner ist tabu!

a) $\frac{4}{z} = \frac{2}{z} + 6$ b) $\frac{8x+4}{x+2} = 4$

c) $\frac{8y}{y-4} = \frac{32}{y-4}$ d) $4 + \frac{2}{2y-1} = \frac{4y}{2y-1}$

111) a) $11b^3$; **b)** $(x-y)^2$; **c)** $12m^2n + 8mn^2$

112) a) $\mathbb{D} = \mathbb{Q}\setminus\{0\}$; $\mathbb{L} = \left\{\frac{1}{3}\right\}$; **b)** $\mathbb{D} = \mathbb{Q}\setminus\{-2\}$; $\mathbb{L} = \{1\}$; **c)** $\mathbb{L} = \{\ \}$, da $\mathbb{D} = \mathbb{Q}\setminus\{4\}$; **d)** $\mathbb{L} = \{\ \}$, da $\mathbb{D} = \mathbb{Q}\setminus\left\{\frac{1}{2}\right\}$

113 ●●○ Bruchgleichungen und binomische Formeln

So gut war ich.

Bei der Hauptnennersuche sind oft binomische Formeln gefragt. Löse folgende Bruchgleichungen. Denke an die Definitionsmenge.

a) $\frac{2+4x}{x+2} - \frac{4x+8}{x+2} = \frac{1}{(x+2)^2}$

b) $\frac{x^2+6x+9}{x+3} + \frac{x^2-6x+9}{x-3} = 0$

c) $\frac{3}{x-1} + \frac{3}{x+1} = \frac{6}{x^2-1}$

113) a) $\mathbb{D} = \mathbb{R} \setminus \{-2\}$; $\mathbb{L} = \left\{-\frac{13}{6}\right\}$; **b)** $\mathbb{D} = \mathbb{R} \setminus \{-3; 3\}$; $\mathbb{L} = \{0\}$; **c)** $\mathbb{D} = \mathbb{R} \setminus \{-1; 1\}$; $\mathbb{L} = \{\ \}$

114 ●●○ Mehrarbeit: Erst die Gleichung – dann die Lösung

So gut war ich. ☺ 😐 ☹

Stelle zunächst die passenden Gleichungen auf und löse sie anschließend.

a) Wenn man zu Zähler und Nenner des Bruches $\frac{7}{15}$ dieselbe Zahl addiert, so erhält man $\frac{5}{9}$. Wie heißt die Zahl?

b) Subtrahiere vom Nenner des Bruches $\frac{12}{23}$ eine gesuchte Zahl. Dann erhältst du das Ergebnis $\frac{2}{3}$.

c) Addiere zum Zähler des Bruches $\frac{4}{9}$ eine Zahl und subtrahiere dieselbe Zahl vom Nenner dieses Bruches. Dann erhältst du seinen Kehrwert.

114) a) $\frac{7+x}{15+x} = \frac{5}{9}$; $x = 3$; **b)** $\frac{12}{23-x} = \frac{2}{3}$; $x = 5$; **c)** $\frac{4+x}{9-x} = \frac{9}{4}$; $x = 5$

115 ●○○ Tierpaare

So gut war ich.

Berechne das Alter der Tiere.

a) Maxis großer Hund ist drei Mal so alt wie der kleine.
Zusammen sind sie so alt wie Maxis Urgroßvater, der gerade seinen 84. Geburtstag feiert.
Beachte: Ein Hundejahr wird mit sieben Menschenjahren gleichgesetzt.

b) Das gleichaltrige Papageienpaar ist zusammen 2,5 Mal so alt wie ihr 36 jähriger Besitzer.

116 ●●○ Ganz schön alt!

So gut war ich.

Finde das jeweilige Alter heraus.

a) Schildkröten können über hundert Jahre alt werden. Im Zoo einer Stadt leben vier Schildkröten. Die jüngste ist ein Viertel so alt wie die älteste; die zweitjüngste ist doppelt so alt wie die jüngste und die zweitälteste ist drei Mal so alt wie die jüngste. Zusammen ergibt sich ein Alter von 360 Jahren.

b) Im Hause von Familie Fritze leben vier Generationen. Die Urgroßmutter ist 21 Jahre älter als der Großvater; der ist 24 Jahre älter als sein Sohn. Dessen Tochter ist 5 Jahre alt. Alle zusammen sind 197 Jahre alt.

115) a) x: kleiner Hund, 3x: großer Hund; Gleichung: $x+3x=84$; Lösung: $x=21$;
Der kleine Hund ist 21 Jahre = 3 Hundejahre alt; der große Hund ist 63 Jahre = 9 Hundejahre alt.
b) Gleichung: $2x = 2{,}5\cdot 36$; beide Papageien sind 45 Jahre alt.

116) a) x: älteste Schildkröte; Gleichung: $x+\frac{1}{4}x+2\cdot\frac{1}{4}x+3\cdot\frac{1}{4}x=360$; Lösung: $x=144$; Die älteste Schildkröte ist 144 Jahre alt, die zweitälteste 108 Jahre, die zweitjüngste 72 Jahre und die jüngste 36 Jahre.
b) x: Großvater; Gleichung: $x+21+x+x-24+5=197$; $x=65$; Die Urgroßmutter ist 86 Jahre alt, der Großvater 65 und sein Sohn 41 Jahre.

117 ●●● Uralte Schätze

So gut war ich.

Bestimme das Alter der Kulturschätze.

Handschriften auf Pergament und Inschriften auf Monumenten können sehr alt sein. Wissenschaftler können das Alter mit besonderen Methoden ermitteln.
Ein gefundenes Schriftstück ist 2,5 Mal so alt wie ein entdecktes Grabmal. Das wiederum ist um 375 Jahre jünger als das Wandgemälde und dieses ist 200 Jahre älter als die Inschrift. Zusammen kommen sie auf ein Alter von 5500 Jahren.

118 ●●● Eine Stadt feiert Jubiläum

So gut war ich.

Wie alt sind die Häuser?

Eine Stadt feiert ihr Jubiläum, weil sie mehr als 700 Jahre alt geworden ist. Das älteste Haus ist ein Fünftel so alt wie die Stadt selber, das zweitälteste Haus ist um 35 Jahre jünger als das älteste. Zwischen dem ältesten und dem schönsten Haus besteht eine Differenz von 110 Jahren. Die Stadt und diese drei Häuser sind zusammen 1015 Jahre alt.

117) x: gefundenes Schriftstück; Gleichung: $x + \frac{1}{2{,}5}x + \left(\frac{1}{2{,}5}x + 375\right) + \left(\frac{1}{2{,}5}x + 375 - 200\right) = 5500$;
Lösung: $x = 2250$; Das Schriftstück ist 2250 Jahre alt, das Grabmal 900 Jahre, das Wandgemälde 1275 Jahre und die Inschrift 1075 Jahre.

118) x: Stadt; Gleichung: $x + \frac{1}{5}x + \left(\frac{1}{5}x - 35\right) + \left(\frac{1}{5}x - 110\right) = 1015$; Lösung: $x = 725$; Die Stadt ist 725 Jahre alt, das älteste Haus 145 Jahre, das zweitälteste Haus 110 Jahre und das schönste Haus 35 Jahre.

119 ●○○ Einfaches Zahlenrätsel

So gut war ich.

Finde die gesuchte Zahl.

a) Subtrahierst du die Summe der ersten acht Primzahlen von x, so erhältst du das Dreifache der fünften Primzahl.
b) Subtrahiere 8 vom Fünffachen von x, so erhälst du das Siebenfache von 6.

120 ●○○ Eine gesuchte Zahl und ihre Nachbarn

So gut war ich.

Ermittle die unbekannte Zahl.

a) Subtrahiere von einer gesuchten Zahl das Dreifache ihres Vorgängers und das Fünffache ihres Nachfolgers. Als Ergebnis erhältst du das Siebenfache der gesuchten Zahl.
b) Addiere zur gesuchten Zahl ihre vier Nachfolger und subtrahiere ihre zwei Vorgänger. Dann ergibt sich 46.

121 ●○○ Drei Zahlen musst du finden

So gut war ich.

Ermittle die noch unbekannten Zahlen.

a) Die erste ist zwölf Mal so groß wie die zweite und die dritte ist ein Zwölftel der zweiten. Zusammen ergeben sie 157.
b) Die erste ist ein Drittel der zweiten und die dritte Zahl ist um 7 größer als die zweite. Zusammen ergeben sie Null.

119) a) Summe der ersten acht Primzahlen: $2+3+5+7+11+13+17+19=77$; Gleichung: $x-77=3\cdot 11$; Lösung: $x=110$. Die gesuchte Zahl ist 110. **b)** Gleichung: $5x-8=42$; die gesuchte Zahl ist 10.

120) a) Gleichung: $x-3(x-1)-5(x+1)=7x$; Lösung: $x=-\frac{1}{7}$; Die gesuchte Zahl ist $-\frac{1}{7}$.
b) Gleichung: $x+(x+1)+(x+2)+(x+3)+(x+4)-(x-1)-(x-2)=46$; Die gesuchte Zahl ist 11.

121) a) x: zweite Zahl; Gleichung: $12x+x+\frac{1}{12}x=157$; Lösung: $x=12$; Die gesuchte zweite Zahl ist 12, die erste Zahl ist 144 und die dritte ist 1. **b)** Gleichung: $\frac{1}{3}x+x+x+7=0$; Die zweite Zahl ist -3, die erste Zahl ist -1 und die dritte Zahl ist 4.

122 ●○○ Nochmals auf Zahlensuche

So gut war ich. ☺ 😐 ☹

Finde die Zahl und ihren Vorgänger.

a) Vergrößere eine Zahl um 10 und ihren Vorgänger um 11, so ergibt das Produkt der beiden Zahlen Null.

b) Dividiere eine Zahl durch 5 und ihren „Nachnachfolger“ durch 6, so ergibt sich als Summe das Quadrat von 2.

123 ●●○ Für den kleinen und den großen Hunger

So gut war ich. ☺ 😐 ☹

Wie viele kleine und wie viele größere Portionen wurden bestellt?

a) In einem Eiscafe wird eine Großbestellung aufgegeben. 97 Kugeln Eis, verteilt auf 27 Portionen. Die Portionen bestehen je aus entweder drei oder vier Kugeln.

b) Bei einem Festessen für 34 Personen gibt es 2-Gänge und 3-Gänge-Menüs. Insgesamt muss die Küche 98 einzelne Gänge bereitstellen. Wie viele Gäste wählen das 3-Gänge-Menü, wie viele nur das 2-Gänge-Menü?

122) a) x: Zahl; x − 1: Vorgänger der Zahl; Gleichung: $(x+10)(x-1+11) = 0$; Lösung: $x = -10$; Vorgänger: −11; Die gesuchte Zahl ist −10, ihr Vorgänger −11. **b)** Gleichung: $x:5+(x+2):6 = 4$; Die gesuchte Zahl ist 10, der „Nachnachfolger“ ist 12.

123) a) Gleichung: $4x+3(27-x) = 97$; Es wurden 16 Portionen mit vier Kugeln und 11 Portionen mit drei Kugeln bestellt. **b)** Gleichung: $3x+2(34-x) = 98$; Es werden 30 3-Gänge-Menüs und vier 2-Gänge-Menüs bestellt.

124 ●○○ Die Zahl findest du bestimmt

So gut war ich. ☺ 😐 ☹

Wie lautet die gesuchte Zahl?

a) x wird verdreifacht, dann durch 4 dividiert, dann zu 29 addiert. Diese Summe wird vom Achtfachen von x subtrahiert und es ergibt sich Null.

b) x ist die mittlere Ziffer einer dreistelligen Zahl, deren Quersumme 7 ist. Die erste Ziffer ist 2, die dritte Ziffer doppelt so groß wie die erste.

125 ●●○ Auch jetzt musst du eine Zahl suchen

So gut war ich. ☺ 😐 ☹

Wie heißt die Zahl?

a) Bei einer zweistelligen Zahl ist die Zehnerziffer doppelt so groß wie die Einerziffer. Dividiert man die Zahl durch 4, so erhält man 21.

b) Eine zweistellige Zahl hat die Quersumme 8. Vertauscht man beide Ziffern der zweistelligen Zahl, so ist die neue Zahl um 36 größer als die erste.

124) a) Gleichung: $8x-(3x:4+29)=0$; die gesuchte Zahl ist 4; **b)** Gleichung: $2+x+4=7$; Die gesuchte Zahl ist 1.

125) a) x: Einerziffer; $2\cdot 10x$: Zehnerziffer; Gleichung: $(2\cdot 10x+x):4=21$; Die Zahl heißt 84.
b) Einerstelle einer Zahl: x; Quersumme 8, also Zehnerstelle: $8-x$; Gleichung: $10x+(8-x)=10(8-x)+x+36$;
Die ursprüngliche Zahl lautet 26.

126 ●●○ Du wirst schon richtig mischen

So gut war ich.

Wie viel fette und wie viel fettarme Milch braucht Frau Sinn für die mittelfette Kondensmilchmischung?

Die Kaffeetafel ist gedeckt. Da fällt Frau Sinn ein, dass sie nicht die übliche Kondensmilch mit 7,5 % Fettgehalt für den Kaffee vorrätig hat, sondern nur die fettere mit 12 % und Magermilch mit 1,5 % Fettgehalt. Sie muss also mischen. Für ihre Milchkännchen benötigt sie 0,25 l. Runde sinnvoll auf ganze ml.

127 ●●○ Wie viel Fleisch darf's sein?

So gut war ich.

Wie viel Fleisch kauft Moni von jeder Sorte?

Moni kauft 5,9 kg Fleisch und bezahlt 41,57 €.
Rindfleisch kostet 7,90 $\frac{€}{kg}$, Schweinefleisch 5,80 $\frac{€}{kg}$.

126) x: 12 %; (250 − x): 1,5 %; Gleichung: 0,12 x + 0,015 · (250 − x) = 0,075 · 250; Für die Milchmischung braucht Frau Sinn ca. 143 ml fette Milch und ca. 107 ml magere Milch.

127) x: Rindfleisch; 5,9 − x: Schweinefleisch; Gleichung: 7,90 x + 5,80 · (5,9 − x) = 41,57; Moni kauft 3,5 kg Rindfleisch und 2,4 kg Schweinefleisch.

128 ●●○ Tierrennen

So gut war ich.

a) Ein Zebra wittert die herannahende Gefahr durch einen anschleichenden Geparden und rennt mit einer Geschwindigkeit von $120\,\frac{\text{km}}{\text{h}}$ los, obwohl der Gepard noch 800 m entfernt ist. Als das Zebra zur Flucht ansetzt, rennt auch der Gepard los mit einer Geschwindigkeit von $140\,\frac{\text{km}}{\text{h}}$.

Nach wie vielen Metern hat der Gepard das Zebra eingeholt?

b) Ein ungewöhnliches Hunderennen sorgt für viel Spaß bei den Hundebesitzern. Im ersten Durchlauf treten ein Mops und ein Windhund gegeneinander an. Der Mops „rennt" mit maximal $5\,\frac{\text{km}}{\text{h}}$, der Windhund mit ca. $\frac{110\,\text{km}}{\text{h}}$. Der Mops bekommt 15 Minuten Vorsprung. Runde das Ergebnis sinnvoll auf volle Sekunden.

Wie lange braucht der Windhund, bis er den Mops eingeholt hat?

128) a) x: Startpunkt des Geparden; x + 800: Startpunkt des Zebras;
Gleichung: $140x = 120\cdot(x+800)$;
Nach 4,8 km hat der Gepard das Zebra erreicht.
b) x: Zeit des Windhundes bis zum Einholen (in h); x + 0,25: Laufzeit des Mopses (in h);
Gleichung: $110x = 5\cdot(x+0{,}25)$; Der Windhund hat den Mops in ca. 43 Sekunden eingeholt.

129 ●●○ Wann findet die Begegnung statt?

So gut war ich. ☺ 😐 ☹

Lisa und Tina, die 2,5 km auseinander wohnen, wollen sich entgegengehen. Lisa nimmt ihre Inlineskater, während Tina wegen eines Gipsfußes Krücken benutzen muss. Beide gehen um 14.00 h los. Lisa schafft $15\,\frac{km}{h}$, Tina nur $1{,}5\,\frac{km}{h}$.

a) Wann treffen die Freundinnen aufeinander? Runde dein Ergebnis sinnvoll auf Minuten.

b) Wie viel Wegstrecke haben Lisa und Tina zurückgelegt, als sie sich treffen? Drücke dein Ergebnis in m bzw. km aus.

129) a) Gleichung: $15x + 1{,}5x = 2{,}5$; Tina und Lisa treffen nach gut 9 Minuten aufeinander.

b) $9\,\text{min} \cdot \frac{1{,}5\,\text{km}}{60\,\text{min}} = 0{,}225\,\text{km} = 225\,\text{m}$; $9\,\text{min} \cdot \frac{15\,\text{km}}{60\,\text{min}} = 2{,}25\,\text{km}$; Lisa hat 2,250 km mit den Inlinern zurückgelegt, als sie auf Tina trifft, die nur 225 m mit ihren Krücken geschafft hat.

130 ●○○ Wie lang sind die Seiten?

So gut war ich. ☺ 😐 ☹

a) In einem Rechteck ist die kürzere Seite um 3,8 dm kürzer als die andere. Der Umfang beträgt 152 cm.

Wie lang sind die Seiten?

b) Der Umfang eines gleichseitigen Dreiecks beträgt 44,1 mm.

Wie lang sind die Seiten in Dezimeter?

131 ●○○ Wie lang sind die Seiten?

So gut war ich. ☺ 😐 ☹

a) In einem Parallelogramm ist das kürzere Parallelenpaar zusammen 5,6 cm lang, das längere Paar ist insgesamt drei Mal so lang.

Berechne die längeren Seiten und den Umfang.

b) In einem gleichschenkligen Trapez sind die parallelen Seiten 5,1 cm und 8,3 cm lang. Der Umfang beträgt 30 cm.

Wie lang sind die beiden anderen Seiten?

130) a) Gleichung: $2(x + 3{,}8\,dm) + 2x = 15{,}2\,dm$; Die längeren Seiten sind 5,7 dm lang, die kürzeren 1,9 dm. **b)** $44{,}1\,mm : 3 = 14{,}7\,mm = 0{,}147\,dm$; Die Dreiecksseiten sind 0,147 dm lang.

131) a) Gleichung: $3 \cdot 5{,}6\,cm = 2x$; Die längere Parallelogrammseiten sind je 8,4 cm lang. Der Umfang beträgt 22,4 cm. **b)** Gleichung: $5{,}1\,cm + 8{,}3\,cm + 2x = 30\,cm$; Die nicht parallelen, gleich langen Seiten sind je 8,3 cm lang.

132 ●●○ Ungleich ist anders als gleich

So gut war ich. ☺ 😐 ☹

Gib die Lösungen der linearen Ungleichungen an.

Tipp: Beachte, dass sich bei Multiplikation mit oder bei Division durch eine negative Zahl das Ungleichheitszeichen umdreht.

a) $5x > 25$ ________________

b) $-3x < 81$ ________________

c) $0{,}5x > -4$ ________________

d) $-17{,}3x > -51{,}9$ ________________

e) $3x > 5{,}25$ ________________

f) $\frac{3}{7}x > -\frac{11}{7}$ ________________

g) $-\frac{1}{8}x < \frac{45}{8}$ ________________

h) $2\frac{2}{3}x > -7\frac{2}{3}$ ________________

133 ●●○ Ungleich ist immer noch anders als gleich

So gut war ich. ☺ 😐 ☹

Gib die Lösungen der linearen Ungleichungen an.

Tipp: Beachte, dass sich bei Multiplikation mit oder bei Division durch eine negative Zahl das Ungleichheitszeichen umdreht.

a) $x + 11 < 9$ ________________

b) $x - 7 < 27$ ________________

c) $-29 > x - 6$ ________________

d) $-111 > -x + 9$

e) $3 - x > 81$ ________________

f) $5{,}8 - x < -13$ ________________

g) $27{,}8 < -2x - 16{,}6$ ________________

h) $-\frac{3}{7}x + \frac{5}{7} > \frac{6}{7}$ ________________

132) a) $x > 5$; **b)** $x > -27$; **c)** $x > -8$; **d)** $x < 3$; **e)** $x > \frac{7}{4}$; **f)** $x > -\frac{11}{3}$; **g)** $x > -45$; **h)** $x > -\frac{23}{8}\left(-2\frac{7}{8}\right)$

133) a) $x < -2$; **b)** $x < 34$; **c)** $x < -23$; **d)** $x > 120$; **e)** $x < -78$; **f)** $x > 18{,}8$; **g)** $x < -22{,}2$; **h)** $x < -\frac{1}{3}$

134 ●○○ Noch mehr Ungleichungen

So gut war ich.

Gib die Lösungen der linearen Ungleichungen an.

Tipp: Beachte, dass sich bei Multiplikation mit oder bei Division durch eine negative Zahl das Ungleichheitszeichen umdreht.

a) $\frac{2}{5}x + 9 > \frac{7}{15}$

b) $1{,}6 < -4{,}8x - 2$

c) $2(x - 1{,}5) > 36$

d) $(x - 7) \cdot \frac{1}{5} < \frac{4}{15}$

135 ●●○ Es wird etwas schwieriger

So gut war ich.

Gib die Lösungen der linearen Ungleichungen an.

Tipp: Beachte, dass sich bei Multiplikation mit oder bei Division durch eine negative Zahl das Ungleichheitszeichen umdreht.
Außerdem können sich als Lösungsmengen auch $\mathbb{L} = \mathbb{Q}$ und $\mathbb{L} = \{\ \}$ ergeben.

a) $26\left(x - \frac{1}{13}\right) > 5x - 9$

b) $(99 - 11x) \cdot \frac{1}{11} < -10x$

c) $\frac{3}{4}\left(\frac{4}{9}x - \frac{1}{3}\right) < \frac{3}{4}\left(\frac{4}{9}x + \frac{1}{3}\right)$

d) $\frac{3}{4}\left(\frac{4}{9}x - \frac{1}{3}\right) > \frac{3}{4}\left(\frac{4}{9}x - \frac{1}{3}\right)$

135 a) $x > -\frac{1}{3}$; **b)** $x < -1$; **c)** $\mathbb{L} = \mathbb{Q}$; **d)** $\mathbb{L} = \{\ \}$

134 a) $x > -\frac{64}{3}$; **b)** $x < -\frac{3}{4}$; **c)** $x > 19{,}5$; **d)** $x < \frac{25}{3}$

136 ●●○ Beträge liefern dir zwei Lösungen

So gut war ich. ☺ 😐 ☹

Löse die Betragsgleichungen, indem du (bei d) und e)) auch den Lösungsweg aufschreibst. Gib anschließend die Lösungsmenge an.

Tipp: Erinnere dich: $|3| = 3$; $|-3| = 3$

a) $|x| = 0$ ______

b) $|x| = 56$ ______

c) $|x| = -8$ ______

d) $|x-3| = 6$ ______

______

e) $|-x+1{,}8| = 7{,}8$ ______

______

137 ●●● Vorsicht bei Betragsungleichungen

So gut war ich. ☺ 😐 ☹

Löse die Betragsgleichungen, indem du auch den Lösungsweg aufschreibst.

a) $|x| > 11$ ______

b) $|x| < -2{,}9$ ______

c) $|x-4{,}5| < 8{,}5$ ______

______

d) $|-x-6{,}9| < 8{,}4$ ______

______

136) a) $\mathbb{L} = \{0\}$; 0 hat kein Vorzeichen; **b)** $\mathbb{L} = \{-56; 56\}$; **c)** $\mathbb{L} = \{\ \}$; **d)** $x-3 = 6 \Leftrightarrow x = 9$; $-(x-3) = 6 \Leftrightarrow x = -3$; $\mathbb{L} = \{-3; 9\}$; **e)** $-x+1{,}8 = 7{,}8 \Leftrightarrow x = -6$; $-(-x+1{,}8) = 7{,}8 \Leftrightarrow x = 9{,}6$; $\mathbb{L} = \{-6; 9{,}6\}$

137) a) $x > 11$; $-x > 11 \Leftrightarrow x < -11$; **b)** $x < -2{,}9$; $-x < -2{,}9 \Leftrightarrow x > 2{,}9$;
c) $x - 4{,}5 < 8{,}5 \Leftrightarrow x < 13$; $-x + 4{,}5 < 8{,}5 \Leftrightarrow -x < 4 \Leftrightarrow -x > -4$;
d) $-x - 6{,}9 > 8{,}4 \Leftrightarrow -x > 15{,}3 \Leftrightarrow x < -15{,}3$; $x + 6{,}9 > 8{,}4 \Leftrightarrow x > 1{,}5$

138 ●●○ Markiere Lösungsmengen auf dem Zahlenstrahl

So gut war ich. ☺ 😐 ☹

Stelle die angegebenen Lösungsmengen auf je einem Zahlenstrahl dar.

a) $\mathbb{L} = \{x \mid x < -0{,}5\}$

b) $\mathbb{L} = \{x \mid x > 2{,}8\}$

c) $\mathbb{L} = \{x \mid x \in [-2{,}5;\ 3{,}5]\}$

d) $\mathbb{L} = \{x \mid x \in]-1{,}5;\ 3[\}$

e) $\mathbb{L} = \{x \mid x < -2;\ x > 2\}$

139 ●●● Darstellungen von Lösungsmengen

So gut war ich. ☺ 😐 ☹

Stelle die Ergebnisse von Ungleichungen in einer Lösungsmenge dar.

a) $x \leqq -0{,}72$ __________

b) $x < 4,\ x > -4$ __________

c) $x \leqq 3{,}5,\ x \geqq -3{,}5$ __________

d) $x < -8{,}1,\ x > 2{,}7$ __________

e) $x \leqq -75,\ x > -63$ __________

139) a) $\mathbb{L} = \{x \mid x \leqq -0{,}72\}$; **b)** $\mathbb{L} = \{x \mid x \in]-4;\ 4[\}$; **c)** $\mathbb{L} = \{x \mid x \in [-3{,}5;\ 3{,}5]\}$; **d)** $\mathbb{L} = \{x \mid x < -8{,}1;\ x > 2{,}7\}$;
e) $\mathbb{L} = \{x \mid x \leqq -75;\ x > -63\}$

138)

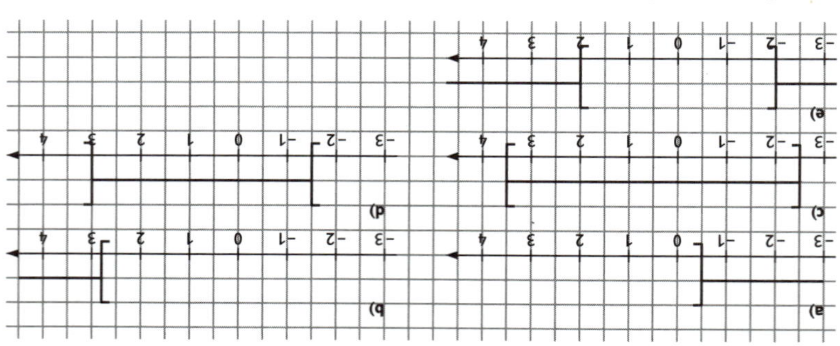

140 ●●○ Nur Additionsverfahren

So gut war ich. ☺ 😐 ☹

Löse auf einem Extra-Blatt Papier mit dem Additionsverfahren. Gib die Lösung an.

a) I: $7x + y = 18$

II: $9x - 2y = 10$

b) I: $11x - 6y = 8$

II: $11x - 6y = 9$

c) I: $3x = 3y - 6$

II: $4y - 4x - 8 = 0$

141 ●●○ Kennst du alle Lösungsverfahren?

So gut war ich. ☺ 😐 ☹

Löse auf einem Extra-Blatt Papier die folgenden linearen Gleichungssysteme jeweils nach dem Verfahren, das sich am besten anbietet. Gib die Lösung an.

a) I: $14x + 10y = 23{,}80$

II: $-12x - 20y = 28{,}40$

b) I: $10x - 25y = 400$

II: $2x + 30 = -6y$

c) I: $y = -4x - 1$

II: $2y = -6x + 2$

140) a) (2 | 4); **b)** keine gemeinsame Lösung;

c) I: $3x - 3y = -6 \quad |\cdot 4$

II: $-4x + 4y = 8 \quad |\cdot 3$

I: $12x - 12y = -24$

II: $-12x + 12y = 24 \quad | +$

$0 = 0$

unendlich viele Lösungen

141) a) Additionsverfahren: (4,75 | −4,27); **b)** Einsetzungsverfahren: (15 | −10); **c)** Gleichsetzungsverfahren: (−2 | 7)

142 ●●○ Es geht auch ohne rechnen

So gut war ich. ☺ 😐 ☹

Löse die folgenden linearen Gleichungssysteme zeichnerisch auf einem karierten Blatt Papier. Wähle 0,5 cm als eine Einheit.

a) I: $y = 2x - 4$

II: $y = -x - 1$

b) I: $y = 4x - 4$

II: $y = 4x - 8$

143 ●●○ Versuch' es noch einmal!

So gut war ich. ☺ 😐 ☹

Löse die folgenden linearen Gleichungssysteme zeichnerisch auf einem karierten Blatt Papier. Wähle 0,5 cm als eine Einheit. Beachte, dass du die Geradengleichung zuerst in die Normalform bringst.

a) I: $-0{,}5x = -y + 0{,}5$

II: $y - 2 = 2x$

b) I: $y + 2 = 3x$

II: $y - 3x = -2$

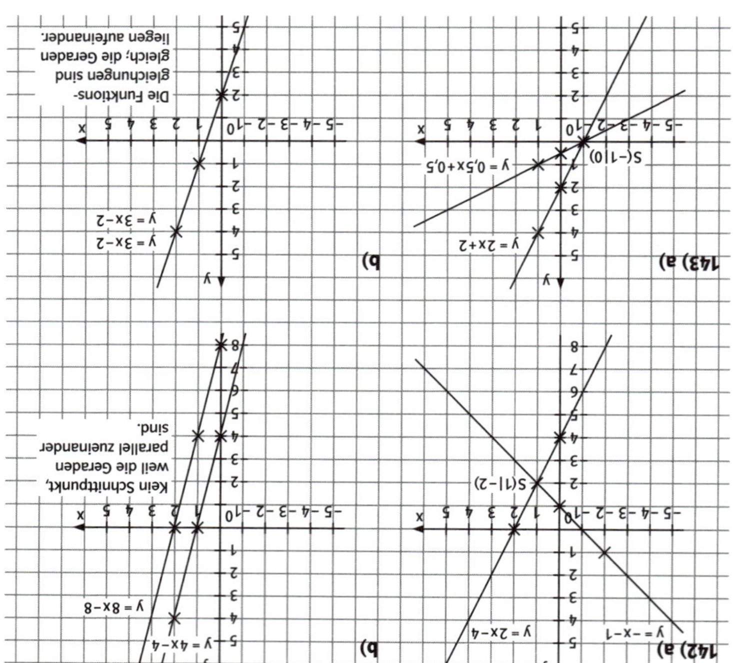

144 ●●● Geldanlagen

So gut war ich. ☺ 😐 ☹

Frau Schott möchte in Kürze Geld anlegen. Im Moment kennt sie den aktuellen Zinssatz. Wenn dieser zum Zeitpunkt der Geldanlage um 0,3 % gesunken sein sollte, so bekäme Frau Schott für ihr Kapital am Jahresende nur noch 205,20 € Zinsen. Sollte der Zinssatz um 0,4 % gestiegen sein, würde sie 243,00 € erhalten.

a) Wie hoch ist der aktuelle Zinssatz?

b) Wie viel Kapital möchte Frau Schott anlegen?

145 ●●○ Welche Winkel findest du?

So gut war ich. ☺ 😐 ☹

Bestimme in einem Dreieck die Winkelgrößen für α, β, γ, wenn gilt:

a) γ ist um 2° kleiner als α und β ist um 44° größer als α.

b) β ist drei Mal so groß wie α und α um 35° kleiner als γ.

146 ●●● Wer hat das größere Zimmer?

So gut war ich. ☺ 😐 ☹

Stelle ein passendes Gleichungssystem auf und löse die Aufgabe.

Luisa und Patrik bekommen im neuen Haus gleich große Zimmer. Allerdings ist Luisas Zimmer 2 m länger als Patriks, dafür aber 1,75 m schmaler. Patriks Zimmer ist um 1,25 m breiter als lang.

Tipp: Überlege dir zunächst, wie du x und y festlegst.

147 ●●● Wie haben sich die Seitenlängen verändert?

So gut war ich. ☺ 😐 ☹

Gib die alten und die neuen Seitenlängen an.

In einem Rechteck mit den Seiten a und b und dem Umfang $U = 14\,\text{cm}$ wird die Seite a verdoppelt und um 3 vergrößert, die Seite b verdreifacht und um 2 verkleinert. Der neue Umfang beträgt 34 cm.

145) x: Länge von Patriks Zimmer; y: Breite von Patriks Zimmer;
I: $xy = (x+2)(y-1{,}75)$; II: $y = x + 1{,}25$; $A = 21\,\text{m}^2$;
Maße von Luisas Zimmer: 6 m lang und 3,5 m breit; Maße von Patriks Zimmer: 4 m lang und 5,25 m breit;
Die Zimmer sind gleich groß.

146) I: $2a + 2b = 14$; II: $2\cdot(2a+3) + 2\cdot(3b-2) = 34$; a = 5 cm (alt); a = 13 cm (neu); b = 2 cm (alt); b = 4 cm (neu)

148 ●○○ Zuordnen macht Spaß

So gut war ich.

Welche Lösung ist die richtige? Kreuze jeweils an. Überlege ohne Taschenrechner.

a)	$\sqrt{1{,}44}$	☐ (A) 1,1	☐ (B) 1,02	☐ (C) 1,2
b)	$\sqrt{1000}$	☐ (A) 10	☐ (B) $10\sqrt{10}$	☐ (C) 100
c)	$\sqrt{16\,900}$	☐ (A) 130	☐ (B) 1300	☐ (C) 13,0
d)	$\sqrt{7{,}84}$	☐ (A) 2,4	☐ (B) 2,8	☐ (C) 2,42
e)	$\sqrt{9801}$	☐ (A) 99,9	☐ (B) 99,1	☐ (C) 99
f)	$\sqrt{32}$	☐ (A) 4	☐ (B) 4,5	☐ (C) 5,66

149 ●○○ Teilweises Wurzelziehen

So gut war ich.

Ziehe so weit wie möglich die Wurzel. Sollte es mehrere Möglichkeiten geben, notiere diese.

a) $\sqrt{72}$ = ______________________

b) $\sqrt{405}$ = ______________________

c) $\sqrt{363}$ = ______________________

d) $\sqrt{175}$ = ______________________

e) $\sqrt{192}$ = ______________________

f) $\sqrt{20\,000}$ = ______________________

149) a) $3\sqrt{8}$ oder $6\sqrt{2}$; **b)** $9\sqrt{5}$; **c)** $11\sqrt{3}$; **d)** $5\sqrt{7}$; **e)** $8\sqrt{3}$; **f)** $100\sqrt{2}$ oder $20\sqrt{50}$

148) a) → (C); **b)** → (B); **c)** → (A); **d)** → (B); **e)** → (C); **f)** → (C)

150 ●○○ Nicht alles ist erlaubt

So gut war ich. ☺ 😐 ☹

Ziehe die Wurzeln. Schreibe ein Ergebnis hin, sofern dieses eine rationale Zahl ist. Hinter die Wurzeln, die man nicht ziehen kann (darf), setze ein „↯"; hinter die Wurzeln, die kein rationales Ergebnis haben, setze ein „≈"-Zeichen.

a)	$\sqrt{361}$		b)	$\sqrt{\frac{81}{121}}$		c)	$\sqrt{1}$	
d)	$\sqrt{0}$		e)	$\sqrt{-4}$		f)	$\sqrt{69}$	
g)	$\sqrt{\frac{10\,000}{8100}}$		h)	$\sqrt{44}$		i)	$\sqrt{\frac{-16}{36}}$	

151 ●●● Welche Art von Zahl?

So gut war ich. ☺ 😐 ☹

Kreuze richtig an. Für manche Zahlen sind auch mehrere Kreuzchen möglich.

	Zahl	$\mathbb{N}$	$\mathbb{Z}$	$\mathbb{Q}$	$\mathbb{R}$	irrational
a)	$\sqrt{5}$	☐	☐	☐	☐	☐
b)	-8	☐	☐	☐	☐	☐
c)	$\sqrt{\frac{25}{36}}$	☐	☐	☐	☐	☐
d)	$\sqrt{33}$	☐	☐	☐	☐	☐
e)	$-0,\overline{3}$	☐	☐	☐	☐	☐
f)	$\frac{1}{3}$	☐	☐	☐	☐	☐
g)	58	☐	☐	☐	☐	☐
h)	16,3479…	☐	☐	☐	☐	☐

151) a) irrational; **b)** $\mathbb{Z}$, $\mathbb{Q}$, $\mathbb{R}$; **c)** $\mathbb{Q}$, $\mathbb{R}$; **d)** irrational; **e)** $\mathbb{Q}$, $\mathbb{R}$; **f)** $\mathbb{Q}$, $\mathbb{R}$; **g)** $\mathbb{N}$, $\mathbb{Z}$, $\mathbb{Q}$, $\mathbb{R}$; **h)** irrational

150) a) 19; **b)** $\frac{9}{11}$; **c)** 1; **d)** 0; **e)** ↯ **f)** ≈ ; **g)** $\frac{10}{9}$; **h)** ≈ ; **i)** ↯

152 ●○○ Addition und Subtraktion

So gut war ich. ☺ 😐 ☹

Berechne ohne Taschenrechner.

a) $\sqrt{36} + \sqrt{49} + \sqrt{121} =$ __________

b) $\sqrt{1,44} - \sqrt{0,81} + \sqrt{1,69} =$ __________

c) $\sqrt{625} - \sqrt{361} - \sqrt{289} - \sqrt{400} =$ __________

d) $\sqrt{\frac{16}{81}} - \sqrt{\frac{4}{9}} - \sqrt{\frac{1}{81}} =$ __________

e) $\sqrt{0,01} + \sqrt{0,04} + \sqrt{0,09} =$ __________

f) $\sqrt{2\frac{1}{4}} - \sqrt{1\frac{13}{36}} + \sqrt{3\frac{6}{25}} =$ __________

153 ●○○ Ebenfalls addieren und subtrahieren

So gut war ich. ☺ 😐 ☹

Berechne ohne Taschenrechner.

a) $5\sqrt{2} + 35\sqrt{2} - 17\sqrt{2} =$ __________

b) $8\sqrt{5} - 14\sqrt{3} - 12\sqrt{5} + 6\sqrt{3} =$ __________

c) $9\sqrt{1,1} + 26\sqrt{1,1} - 27\sqrt{1,3} =$ __________

d) $2\sqrt{\frac{1}{7}} + 5\sqrt{\frac{1}{5}} - 22\sqrt{\frac{1}{7}} + 15\sqrt{\frac{1}{5}} =$ __________

e) $7\sqrt{0,16} + 9\sqrt{0,25} + 8\sqrt{0,49} =$ __________

154 ●●○ Fehlersuche

So gut war ich. ☺ 😐 ☹

Finde die Fehler in den Aufgaben und schreibe die richtige Lösung auf.

a) $\sqrt{32} = \sqrt{16} + \sqrt{16} = 8$ __________

b) $\sqrt{50} = \sqrt{49} + \sqrt{1} = 8$ __________

c) $6\sqrt{5} - 6\sqrt{3} + 6\sqrt{2} = 6(\sqrt{5} - \sqrt{3} + \sqrt{2}) = 6\sqrt{4} = 12$ __________

d) $\sqrt{30} + \sqrt{19} - (\sqrt{80} - \sqrt{31}) = \sqrt{49} - \sqrt{49} = 0$ __________

152) a) $6+7+11 = 24$; **b)** $1,2-0,9+1,3 = 1,6$; **c)** $25-19-17-20 = -31$; **d)** $\frac{4}{9}-\frac{2}{3}-\frac{1}{9} = -\frac{1}{3}$; **e)** $0,1+0,2+0,3 = 0,6$;
f) $\frac{3}{2}-\frac{7}{6}+\frac{9}{5} = 2\frac{2}{15}$

153) a) $23\sqrt{2}$; **b)** $-8\sqrt{3}-4\sqrt{5}$; **c)** $35\sqrt{1,1} - 27\sqrt{1,3}$; **d)** $20\sqrt{\frac{1}{5}} - 20\sqrt{\frac{1}{7}}$; **e)** 12,9

154) a) $\sqrt{32} \neq \sqrt{16}+\sqrt{16}$, $\sqrt{32} \approx 5,66$; **b)** $\sqrt{50} \neq \sqrt{49}+\sqrt{1}$, $\sqrt{50} \approx 7,07$; **c)** $6(\sqrt{2}-\sqrt{3}+\sqrt{2})$ nicht zusammenfassbar;
d) $\sqrt{30}+\sqrt{19} \neq \sqrt{49}$, $\sqrt{80}-\sqrt{31} \neq \sqrt{49}$, Ergebnis: $\approx 6,47$

155 ●○○ Jetzt wird multipliziert

So gut war ich. ☺ 😐 ☹

Rechne ohne Taschenrechner aus unter Verwendung der Rechenregeln für Wurzeln.

a) $\sqrt{2}\cdot\sqrt{18}=$

b) $\sqrt{9}\cdot\sqrt{4}=$

c) $\sqrt{6}\cdot\sqrt{6}=$

d) $\sqrt{3}\cdot\sqrt{12}=$

e) $\sqrt{27}\cdot\sqrt{3}=$

f) $\sqrt{5}\cdot\sqrt{20}=$

g) $\sqrt{2}\cdot\sqrt{72}=$

h) $\sqrt{50}\cdot\sqrt{18}=$

156 ●●○ Auch jetzt wird multipliziert?!

So gut war ich. ☺ 😐 ☹

Berechne ohne Taschenrechner und erkläre, warum in der Überschrift von Multiplikation die Rede ist, obwohl in d), e), f) Divisionszeichen stehen.

a) $\sqrt{\frac{1}{2}}\cdot\sqrt{\frac{4}{4{,}5}}=$

b) $\sqrt{\frac{2}{3}}\cdot\sqrt{\frac{2}{27}}=$

c) $\sqrt{\frac{1}{6}}\cdot\sqrt{\frac{1}{12}}\cdot\sqrt{\frac{1}{2}}=$

d) $\sqrt{\frac{9}{8}}:\sqrt{\frac{1}{2}}=$

e) $\sqrt{\frac{98}{13}}:\sqrt{\frac{2}{13}}=$

f) $\sqrt{\frac{27}{225}}:\sqrt{3}=$

155) a) $\sqrt{36}=6$; **b)** $\sqrt{36}=6$; **c)** $\sqrt{36}=6$; **d)** $\sqrt{36}=6$; **e)** $\sqrt{81}=9$; **f)** $\sqrt{100}=10$; **g)** $\sqrt{144}=12$; **h)** $\sqrt{900}=30$

156) a) $\sqrt{\frac{4}{9}}=\frac{2}{3}$; **b)** $\sqrt{\frac{4}{81}}=\frac{2}{9}$; **c)** $\sqrt{\frac{1}{144}}=\frac{1}{12}$; **d)** $\sqrt{\frac{9}{4}}=\frac{3}{2}$; **e)** $\sqrt{49}=7$; **f)** $\sqrt{\frac{9}{225}}=\frac{1}{25}$

Division durch einen Bruch bedeutet Multiplikation mit dem Kehrbruch.

157 ●●○ Hier fehlt etwas

So gut war ich.

Multipliziere ohne Taschenrechner die vorgegebenen Wurzeln so mit einer anderen Wurzel, dass sich als Ergebnis die angegebene rationale Zahl ergibt.

a) $\sqrt{6} \cdot \square = 12$

b) $\sqrt{162} \cdot \square = 9$

c) $\sqrt{\frac{3}{5}} \cdot \square = \frac{9}{5}$

d) $\sqrt{\frac{1}{8}} \cdot \square = \frac{7}{4}$

e) $\sqrt{\frac{17}{19}} \cdot \square = \frac{17}{19}$

158 ●●○ Auch hier fehlt Passendes

So gut war ich.

Dividiere ohne Taschenrechner die vorgegebenen Wurzeln so durch eine andere Wurzel, dass sich als Ergebnis die angegebene rationale Zahl ergibt.

a) $\sqrt{\frac{243}{196}} : \square = \frac{9}{7}$

b) $\sqrt{\frac{20}{27}} : \square = \frac{2}{3}$

c) $\sqrt{\frac{363}{288}} : \square = \frac{11}{12}$

d) $\sqrt{\frac{5}{7}} : \square = 1$

e) $\sqrt{2,45} : \square = 0,7$

158) a) $\sqrt{\frac{3}{4}}$; **b)** $\sqrt{\frac{5}{3}}$; **c)** $\sqrt{\frac{3}{2}}$; **d)** $\sqrt{\frac{5}{7}}$; **e)** $\sqrt{5}$

157) a) $\sqrt{24}$; **b)** $\sqrt{\frac{1}{2}}$; **c)** $\sqrt{\frac{27}{5}}$; **d)** $\sqrt{\frac{49}{2}}$; **e)** $\sqrt{\frac{17}{19}}$

159 ●●○ Durch Ausklammern zusammenfassen

So gut war ich.

Berechne ohne Taschenrechner.

a) $29\sqrt{7} - \sqrt{7} \cdot \sqrt{81} + \sqrt{14} \cdot \sqrt{2} =$ ______

b) $\sqrt{3}\sqrt{9} + \sqrt{33} \cdot \sqrt{11} - \sqrt{3} =$ ______

c) $-111\sqrt{23} + \sqrt{23} \cdot 111 - \sqrt{23} \cdot \sqrt{0} =$ ______

d) $\sqrt{8} + 5{,}1\sqrt{2} - \sqrt{32} + 0{,}7\sqrt{2} =$ ______

e) $\sqrt{11} \cdot 4{,}8 - \sqrt{22} \cdot 0{,}3\sqrt{2} + \sqrt{33} \cdot 6{,}6\sqrt{3} =$ ______

160 ●●● Alles querbeet!

So gut war ich.

Wenn du richtig rechnest, bekommst du ein ganz kurzes Ergebnis. Dies geht auch ohne Taschenrechner.

a) $\sqrt{3}\sqrt{27} + \sqrt{3}\sqrt{5} - \sqrt{15} + \sqrt{32}\sqrt{2} =$ ______

b) $\sqrt{\frac{5}{3}} \cdot \sqrt{\frac{36}{15}} - \sqrt{\frac{27}{5}} : \sqrt{\frac{3}{125}} + \sqrt{8} \cdot \sqrt{1250} =$ ______

______

c) $6\sqrt{\frac{5}{7}} - 7\sqrt{\frac{5}{7}} + \sqrt{\frac{5}{7}} =$ ______

d) $49\sqrt{\frac{1}{49}} - 81\sqrt{\frac{4}{9}} - 12\sqrt{144} =$ ______

______

e) $\sqrt{\frac{267}{312}} \cdot \sqrt{\frac{0}{617}} \cdot \sqrt{\frac{1026}{67}} =$ ______

160) a) 17; **b)** 87; **c)** 0; **d)** −191; **e)** 0

159) a) $22\sqrt{7}$; **b)** $13\sqrt{3}$; **c)** $0 \cdot \sqrt{23} = 0$; **d)** $3{,}8\sqrt{2}$; **e)** $24\sqrt{11}$

161 ●●○ Wirklich immer zwei Lösungen?

So gut war ich. ☺ 😐 ☹

Bestimme jeweils die Zahlen x, für die gilt:

a) $x^2 = 49$ ______
b) $x^2 = 26^2$ ______
c) $x^2 = 0$ ______
d) $x^2 = 64$ ______

e) $x^2 = \frac{4}{9}$ ______
f) $x^2 = 0{,}04$ ______
g) $x^2 = 2$ ______
h) $x^2 = -9$ ______

162 ●●○ Findet sich immer eine Zahl?

So gut war ich. ☺ 😐 ☹

Schreibe auf, welche Zahlen man für x einsetzen kann, falls möglich.

a) $x^2 = 3^2$ ______
b) $x^2 - 49 = 0$ ______
c) $4x^2 - 64 = 0$ ______

d) $x^2 = (-5)^2$ ______
e) $x^2 = -\sqrt{7}^2$ ______
f) $\sqrt{x^2} = -x$ ______

163 ●●● Garantiert ein positiver Radikant

So gut war ich. ☺ 😐 ☹

Ermittle, für welche x-Werte der Term unter der Wurzel positiv ist.

a) $\sqrt{20x}$ ______
b) $\sqrt{3x+9}$ ______
c) $\sqrt{-x}$ ______

d) $\sqrt{-x^2}$ ______
e) $\sqrt{x}$ ______
f) $\sqrt{25-5x}$ ______

161) a) $-7; 7$; **b)** $-26; 26$; **c)** 0; **d)** keine Lösung; **e)** $-\frac{2}{3}; \frac{2}{3}$; **f)** $-0{,}2; 0{,}2$; **g)** $-\sqrt{2}; \sqrt{2}$; **h)** keine Lösung
162) a) $-3; 3$; **b)** $-7; 7$; **c)** $-4; 4$; **d)** $-5; 5$; **e)** keine Lösung; **f)** 0
163) a) $x \geqq 0$; **b)** $x \geqq -3$; **c)** $x \leqq 0$; **d)** nicht möglich; **e)** $x \geqq 0$; **f)** $x \leqq 5$

164 ●●○ Es geht auch mit Buchstaben

So gut war ich. ☺ 😐 ☹

Vereinfache die Terme mit Variablen.

Tipp: Beachte: $\sqrt{x^2} = |x|$ aber $\sqrt{x^4} = x^2$

a) $\sqrt{a^2x^2} =$ ______

b) $\sqrt{25\,b^2y^2} =$ ______

c) $\sqrt{4\,u^4w^4} =$ ______

d) $\sqrt{(3-x)^2} =$ ______

e) $\sqrt{f^4}\,\sqrt{e^2}\,\sqrt{(e+f)^2} =$ ______

165 ●●○ Es geht auch ohne Beträge

So gut war ich. ☺ 😐 ☹

Vereinfache die Bruchterme mit Variablen.

Tipp: Beachte: $\sqrt{x^2} = x$, wenn $x \geqq 0$,

Noch ein Tipp: Wenn alle Variablen aus R_0^+ sind, enthält das Ergebnis kein Betragszeichen.*

a) $\sqrt{\frac{a^5}{a^7}} : \sqrt{\frac{a^3}{b^3}} =$ ______

b) $\sqrt{\frac{m^2n^2p^2}{4\,u^2v^2w^2} : \frac{m^2n^2p^2}{u^2v^2w^2}} =$ ______

c) $\sqrt{\frac{3}{5}m^7n^7} \cdot \sqrt{\frac{27}{125\,m^3n^3}} =$ ______

d) $\sqrt{\frac{(x^2+4x+4x)(x-2)}{(x-2)^2(x+2)}} =$ ______

e) $\sqrt{\frac{9\,p^2+6\,pq+q^2}{36\,p^2+24\,pq+4\,q^2}} =$ ______

* Bei R_0^+ ist die Null mit enthalten.

164) a) $|ax|$; **b)** $|5\,by| = 5\,|by|$; **c)** $2\,v^2w^2$; **d)** $|3-x|$; **e)** $f^2\,|e|\,|e+f|$

165) a) $\sqrt{\frac{a^2}{b^4}} = \frac{a}{b^2}$; **b)** $\sqrt{\frac{1}{4}} = \frac{1}{2}$; **c)** $\sqrt{\frac{81m^4n^4}{625}} = \frac{9}{25}m^2n^2$; **d)** $\sqrt{\frac{x+2}{x-2}}$; **e)** $\frac{3p+q}{2(3p+q)} = \frac{1}{2}$

166 ●○○ Vereinfachen durch Ausmultiplizieren

So gut war ich.

Wenn du richtig ausmultiplizierst, erhältst du ganze Zahlen.

a) $\sqrt{3}\left(\sqrt{27}-\sqrt{3}+\sqrt{243}\right)=$ __________

b) $\left(\sqrt{8}-2\sqrt{32}+3\sqrt{72}\right)\sqrt{2}=$ __________

c) $\sqrt{11}\left(5\sqrt{11}-\frac{1}{2}\sqrt{44}+0{,}4\sqrt{99}\right)=$ __________

d) $\sqrt{2{,}5}\left(9\sqrt{40}-3{,}6\sqrt{90}-2{,}5\sqrt{160}\right)=$ __________

167 ●○○ Ordnung schaffen in den reellen Zahlen

So gut war ich.

Ordne die Zahlen ohne Taschenrechner der Größe nach von klein nach groß.

a) $\frac{1}{5}$; $\sqrt{16}$; $-3{,}2$; $\frac{1}{3}$; $-\sqrt{9}$; $\sqrt{51}$; $7{,}1$

____

b) $-5{,}\overline{2}$; $-\sqrt{17}$; $-\sqrt{27}$; $-5\frac{2}{5}$; $-4\frac{3}{5}$; $-5{,}2$

____

c) $6{,}12347\ldots$; $\sqrt{37}$; $5{,}\overline{9}$; $\sqrt{36}$; $6{,}\overline{1}$; $6{,}087$

____

166) a) $9-3+27=33$; **b)** $4-16+36=24$; **c)** $55-11+13{,}2=57{,}2$; **d)** $90-54-50=-14$

167) a) $-3{,}2<-\sqrt{9}<\frac{1}{5}<\frac{1}{3}<\sqrt{16}<7{,}1<\sqrt{51}$; **b)** $-5\frac{2}{5}<-5{,}\overline{2}<-5{,}2<-\sqrt{27}<-4\frac{3}{5}<-\sqrt{17}$;
c) $5{,}\overline{9}<\sqrt{36}<\sqrt{37}<6{,}087<6{,}\overline{1}<6{,}12347\ldots$

168 ●●○ Ordne den Zahlenmengen zu

So gut war ich. ☺ 😐 ☹

Suche aus den vorgeschlagenen Zahlen diejenigen aus, die zur jeweiligen Aussage passen. Schreibe sie hinter die Aussage. Es gibt auch Zahlen, die in mehrere Mengen passen.

$$-\frac{1}{3};\quad 0;\quad -0{,}5;\quad \sqrt{20};\quad 0{,}4;\quad 1;\quad \frac{1}{25};\quad -\sqrt{16};\quad -\frac{2}{7};\quad \sqrt{35}$$

Die Zahl

a) ist negative rationale Zahl ______________________

b) ist sowohl reelle Zahl als auch Bruchzahl ______________________

c) ist irrationale Zahl ______________________

d) hat immer dasselbe Ergebnis, egal wie groß n ist, wenn man die n-te Wurzel zieht

____

e) ist rational, aber keine natürliche Zahl ______________________

f) hat kein Vorzeichen ______________________

169 ●○○ Grenze Wurzeln ein

So gut war ich. ☺ 😐 ☹

Gib die natürlichen Zahlen an, zwischen denen die folgenden Wurzeln jeweils liegen. Verwende hierzu keinen Taschenrechner.

a) $\sqrt{54}$ ______________ b) $\sqrt{133}$ ______________

c) $\sqrt{171}$ ______________ d) $\sqrt{239}$ ______________

e) $\sqrt{408}$ ______________ f) $\sqrt{1650}$ ______________

169) a) $7 < \sqrt{54} < 8$; **b)** $11 < \sqrt{133} < 12$; **c)** $13 < \sqrt{171} < 14$; **d)** $15 < \sqrt{236} < 16$; **e)** $20 < \sqrt{408} < 21$; **f)** $40 < \sqrt{1650} < 41$

168) a) $-\frac{1}{3}$; $-0{,}5$; $-\sqrt{16}$; $-\frac{2}{7}$; **b)** $-\frac{1}{3}$; $-0{,}5$; $0{,}4$; $\frac{1}{25}$; $-\frac{2}{7}$; **c)** $\sqrt{20}$; $\sqrt{35}$; **d)** 0; 1; **e)** $-\frac{1}{3}$; $-0{,}5$; $0{,}4$; $\frac{1}{25}$; $-\sqrt{16}$; $-\frac{2}{7}$; **f)** 0

170 ●●○ Dein Urteil ist gefragt

So gut war ich. ☺ 😐 ☹

Prüfe durch Rechnung nach, ob folgende Ergebnisse richtig sind.

a) $\sqrt{20} - 3\sqrt{5} \cdot 2\sqrt{5} \stackrel{?}{=} 2\sqrt{5} - 30$

b) $\sqrt{484} + 2\sqrt{121} - \sqrt{1936} \stackrel{?}{=} 0$

c) $\frac{\sqrt{\frac{1}{8}}}{\sqrt{\frac{1}{2}}} + \frac{\sqrt{\frac{1}{16}}}{\sqrt{1}} + \frac{\sqrt{\frac{1}{4}}}{\sqrt{\frac{1}{64}}} \stackrel{?}{=} 4{,}75$

d) $\sqrt{16+65} - \sqrt{49+32} + \sqrt{36+45} - \sqrt{56+25} \stackrel{?}{=} 0$

171 ●●○ Kennst du die dritte Wurzel?

So gut war ich. ☺ 😐 ☹

Überlege, zwischen welchen natürlichen Zahlen die dritte Wurzel aus den angegebenen Zahlen liegt. Versuche, ohne Taschenrechner auszukommen.

a) $\sqrt[3]{29}$

b) $\sqrt[3]{68}$

c) $\sqrt[3]{221}$

d) $\sqrt[3]{1010}$

e) $\sqrt[3]{670}$

170) a) $2\sqrt{5} - 3\sqrt{5} \cdot 2\sqrt{5} = 2\sqrt{5} - 6 \cdot 5 = 2\sqrt{5} - 30$; **b)** $22 + 2 \cdot 11 - 44 = 0$; **c)** $\sqrt{\frac{1}{4}} + \sqrt{\frac{1}{16}} + \sqrt{16} = \frac{1}{2} + \frac{1}{4} + 4 = 4{,}75$;
d) $\sqrt{81} - \sqrt{81} + \sqrt{81} - \sqrt{81} = 0$

171) a) $3 < \sqrt[3]{29} < 4$; **b)** $4 < \sqrt[3]{68} < 5$; **c)** $6 < \sqrt[3]{221} < 7$; **d)** $10 < \sqrt[3]{1010} < 11$; **e)** $8 < \sqrt[3]{670} < 9$

172 ●●○ Kannst du n-te Wurzel ziehen?

So gut war ich. ☺ 😐 ☹

Versuche alle folgenden Wurzeln ohne Taschenrechner zu ziehen.

a) $\sqrt[5]{1} =$ ______

b) $\sqrt[11]{0} =$ ______

c) $\sqrt[3]{0{,}125} =$ ______

d) $\sqrt[4]{0{,}0001} =$ ______

e) $\sqrt[4]{\frac{1}{81}} =$ ______

f) $\sqrt[6]{\frac{1}{64}} =$ ______

g) $\sqrt[4]{-16} =$ ______

h) $-\sqrt[3]{\frac{1}{27}} =$ ______

173 ●●○ Du kannst bestimmt die Lücken füllen

So gut war ich. ☺ 😐 ☹

Ergänze die fehlenden Ziffern ohne den Taschenrechner zu verwenden.

a) $\sqrt{8\square} = 3^2$

b) $\sqrt{1\square 9} = 2^4 - 3$

c) $\sqrt{36} \cdot \sqrt{\square 9} = 7^2 - 7$

d) $\sqrt{1\square 1} : \sqrt{11^2} = \sqrt[8]{1}$

e) $\sqrt{2\square} + \sqrt{9} = 2^3$

f) $\sqrt{\square 5 + 11} = 2^3 - 2$

173) a) $\sqrt{81}$; b) $\sqrt{169}$; c) $\sqrt{49}$; d) $\sqrt{121}$; e) $\sqrt{25}$; f) $\sqrt{25+11}$

172) a) 1; b) 0; c) 0,5; d) 0,1; e) $\frac{1}{3}$; f) $\frac{1}{2}$; g) geht nicht; h) $-\frac{1}{3}$

174 ●●○ Unterschiedliche Wurzeln mit gleichem Wert

So gut war ich.

Welche Wurzeln haben den gleichen Wert? Arbeite ohne Taschenrechner.

a) $\sqrt[5]{32} =$ ____________________

b) $\sqrt[3]{27} =$ ____________________

c) $\sqrt[5]{243} =$ ____________________

d) $\sqrt[4]{625} =$ ____________________

e) $\sqrt[4]{256} =$ ____________________

f) $\sqrt[8]{256} =$ ____________________

g) $\sqrt[3]{125} =$ ____________________

h) $\sqrt[5]{1024} =$ ____________________

175 ●○○ Was gibt „Wurzel mal Wurzel"?

So gut war ich.

Es gilt: $\sqrt{2} \cdot \sqrt{2} = 2$ und $\sqrt{3} \cdot \sqrt{3} \cdot \sqrt{3} \cdot \sqrt{3} = 3 \cdot 3 = 9$, aber $\sqrt{7} \cdot \sqrt{7} \cdot \sqrt{7} = 7 \cdot \sqrt{7}$

Berechne ebenso:

a) $\sqrt{5} \cdot \sqrt{5} =$ ____________________

b) $\sqrt{7} \cdot \sqrt{7} \cdot \sqrt{7} \cdot \sqrt{7} =$ ____________________

c) $\sqrt{11} \cdot \sqrt{11} =$ ____________________

d) $\sqrt{6} \cdot \sqrt{6} \cdot \sqrt{6} \cdot \sqrt{6} \cdot \sqrt{6} \cdot \sqrt{6} =$ ____________________

e) $\sqrt{8} \cdot \sqrt{8} \cdot \sqrt{8} =$ ____________________

f) $\sqrt{2} \cdot \sqrt{2} \cdot \sqrt{2} \cdot \sqrt{2} \cdot \sqrt{2} \cdot \sqrt{2} \cdot \sqrt{2} =$ ____________________

175) a) 5; **b)** 49; **c)** 11; **d)** 216; **e)** $8\sqrt{8}$; **f)** $8\sqrt{2}$

174) a) = f); **b)** = c); **d)** = g); **e)** = h)

176 ●○○ Quadratische Gleichungen – kein Problem für dich

So gut war ich. ☺ 😐 ☹

Gib die Lösungsmengen an.

a) $x^2 = 64$ ____________

b) $225 = x^2$ ____________

c) $x^2 - 169 = 0$ ____________

d) $-32{,}49 = -x^2$ ____________

e) $3{,}24 = x^2$ ____________

f) $-x^2 = -\frac{1}{81}$ ____________

g) $-x^2 = -361$ ____________

h) $x^2 - 0{,}09 = 0$ ____________

i) $-x^2 + 0{,}25 = 0$ ____________

j) $x^2 = -49$ ____________

177 ●●○ Einfach quadratische Gleichungen lösen

So gut war ich. ☺ 😐 ☹

Gib die Lösungsmengen an.

a) $-4 + x^2 = 12$ ____________

b) $28 - x^2 + 4 = -4$ ____________

c) $0{,}3 = x^2 - 0{,}06$ ____________

d) $9x^2 = 9$ ____________

e) $(x-2)^2 = 4$ ____________

f) $(2x-4)^2 = 16$ ____________

g) $x^2 + 4x + 4 = 0$ ____________

h) $x^2 - 6x + 9 = 0$ ____________

176 a) $\mathbb{L} = \{-8; 8\}$; **b)** $\mathbb{L} = \{-15; 15\}$; **c)** $\mathbb{L} = \{-13; 13\}$; **d)** $\mathbb{L} = \{-5{,}7; 5{,}7\}$; **e)** $\mathbb{L} = \{-1{,}8; 1{,}8\}$; **f)** $\mathbb{L} = \{-\frac{1}{9}; \frac{1}{9}\}$;
g) $\mathbb{L} = \{-19; 19\}$; **h)** $\mathbb{L} = \{-0{,}3; 0{,}3\}$; **i)** $\mathbb{L} = \{-0{,}5; 0{,}5\}$; **j)** $\mathbb{L} = \{\ \}$

177 a) $\mathbb{L} = \{-4; 4\}$; **b)** $\mathbb{L} = \{-6; 6\}$; **c)** $\mathbb{L} = \{-0{,}6; 0{,}6\}$; **d)** $\mathbb{L} = \{-1; 1\}$; **e)** $\mathbb{L} = \{0; 4\}$; **f)** $\mathbb{L} = \{0; 4\}$; **g)** $\mathbb{L} = \{-2\}$;
h) $\mathbb{L} = \{3\}$

178 ●○○ Lies die Lösungen einfach ab

So gut war ich.

Gib die Lösungsmengen an.

a) $(x-5)(x+1{,}5)=0$ ______

b) $(x+7{,}25)(x-8{,}91)=0$ ______

c) $(-26{,}8+x)(-4{,}9+x)=0$ ______

d) $(-121{,}3+x)(x+354{,}7)=0$ ______

e) $(x-3)^2=0$ ______

f) $0{,}2(x+5)^2=0$ ______

179 ●●○ Immer nur eine Lösung?

So gut war ich.

Forme geschickt um und gib die Lösungsmenge an.

Beispiel: $5x^2+10x+5=0$ ergibt $x^2+2x+1=0 \Leftrightarrow (x+1)^2=0$; $\mathbb{L}=\{-1\}$

a) $0{,}5x^2+3x=-4{,}5$

b) $8x^2+32x+32=0$

c) $\frac{1}{3}x^2+12=4x$

d) $25x^2+125x=-156{,}25$

e) $6x^2-4x+\frac{2}{3}=0$

179) a) $\mathbb{L}=\{-3\}$; **b)** $\mathbb{L}=\{-2\}$; **c)** $\mathbb{L}=\{6\}$; **d)** $\mathbb{L}=\{-2{,}5\}$; **e)** $\mathbb{L}=\left\{\frac{1}{3}\right\}$

178) a) $\mathbb{L}=\{-1{,}5;\,5\}$; **b)** $\mathbb{L}=\{-7{,}25;\,8{,}91\}$; **c)** $\mathbb{L}=\{4{,}9;\,26{,}8\}$; **d)** $\mathbb{L}=\{-354{,}7;\,121{,}3\}$; **e)** $\mathbb{L}=\{3\}$; **f)** $\mathbb{L}=\{-5\}$

180 ●○○ Du kennst die Lösungsformel

So gut war ich.

Löse mittels pq-Formel.

a) $x^2 + x - 56 = 0$

b) $x^2 - 22x - 23 = 0$

c) $x^2 - 19x + 90 = 0$

d) $x^2 - \frac{5}{6}x + \frac{1}{6} = 0$

181 ●●● Vorsicht vor Anwendung der Formel

So gut war ich.

Löse mittels pq-Formel. Forme die Gleichung zunächst so um, dass du die Formel auch benutzen kannst.

a) $5x^2 + 5x - 280 = 0$

b) $0{,}5x^2 - 11x - 11{,}5 = 0$

c) $0{,}1x^2 - 1{,}9x + 9 = 0$

d) $3x^2 - \frac{5}{2}x + \frac{1}{2} = 0$

180) a) $\mathbb{L} = \{-8; 7\}$; **b)** $\mathbb{L} = \{-1; 23\}$; **c)** $\mathbb{L} = \{9; 10\}$; **d)** $\mathbb{L} = \left\{\frac{1}{3}; \frac{1}{2}\right\}$

181) Zunächst müssen alle Gleichungen auf die Form $x^2 + px + q = 0$ gebracht werden. Dann erhältst du die gleichen Aufgaben wie in Kurztest Nr. 180.

182 ●●○ Keine Lösung, eine Lösung, zwei Lösungen?

So gut war ich.

Schreibe in die freien Kästchen, ob die quadratische Gleichung keine, eine oder zwei Lösungen hat.

a) $(x-24{,}5)^2 = 0$ ☐

b) $(x-4{,}8)(x+6{,}8) = 0$ ☐

c) $x^2 = -64$ ☐

d) $x^2-10x+25 = 0$ ☐

e) $x^2+10x-25 = 0$ ☐

f) $x^2-10x+35 = 0$ ☐

g) $x^2+81 = 0$ ☐

183 ●●● Finde die richtigen Lösungen

So gut war ich.

Schreibe in die freien Kästchen hinter die Aufgaben den Buchstaben hinein, der zur richtigen Lösung gehört.

(A) $\mathbb{L} = \{25\}$;	(B) $\mathbb{L} = \{\ \}$;	(C) $\mathbb{L} = \{-7; 0{,}5\}$;
(D) $\mathbb{L} = \{4\}$;	(E) $\mathbb{L} = \{2{,}5; -1{,}5\}$;	(F) $\mathbb{L} = \{-17; 3\}$

a) $x^2-8x = -16$ ☐

b) $-x^2 = -625$ ☐

c) $x^2 = -289$ ☐

d) $x^2+14x = 51$ ☐

e) $x^2+6{,}5x-3{,}5 = 0$ ☐

f) $x^2+x = 3{,}75$ ☐

183 a) → (D); **b)** → (A); **c)** → (B); **d)** → (F); **e)** → (C); **f)** → (E)

182 a) → (1); **b)** → (2); **c)** → (0); **d)** → (1); **e)** → (2); **f)** → (0); **g)** → (0)

184 ●●○ Finde die Fehler

So gut war ich. ☺ 😐 ☹

Finde die Fehler in den folgenden Berechnungen und schreibe den richtigen Lösungsweg daneben.

a) $x^2+14x-51=0$

$x_{1/2}=7\pm\sqrt{49+51}$

$=7\pm10$

$\mathbb{L}=\{-3;17\}$

b) $x^2-\frac{1}{6}x+\frac{1}{36}=0$

$x_{1/2}=\frac{1}{6}\pm\sqrt{\frac{1}{36}-\frac{1}{36}}$

$\mathbb{L}=\left\{\frac{1}{6}\right\}$

c) $x^2+14x+51=0$

$x_{1/2}=-7\pm\sqrt{49+51}$

$\mathbb{L}=\{-17;3\}$

d) $2x^2-28x-102=0$

$x_{1/2}=14\pm\sqrt{190+102}$

$\mathbb{L}=\{14-\sqrt{298};14+\sqrt{298}\}$

185 ●●● Querbeet durch die quadratischen Gleichungen

So gut war ich. ☺ 😐 ☹

a) $x^2-8x-16=0$ hat zwei Lösungen.
Verändere ein Rechenzeichen so, dass die quadratische Gleichung nur noch eine Lösung hat.

b) $x^2+25x+157{,}25=0$ hat keine Lösung.
Verändere ein Rechenzeichen so, dass die quadratische Gleichung zwei Lösungen hat.

c) $x^2+8x+16=0$ hat eine Lösung.
Verändere die Konstante nur ganz gering, so dass die Gleichung keine Lösung mehr hat.

184) a) $x_{1/2}=-7\pm\sqrt{49+51}$; $\mathbb{L}=\{-17;-3\}$; **b)** $x_{1/2}=\frac{1}{12}\pm\sqrt{\frac{1}{144}-\frac{4}{144}}$; $\mathbb{L}=\{\ \}$; **c)** $x_{1/2}=-7\pm\sqrt{49-51}$; $\mathbb{L}=\{\ \}$;
d) $x^2-14x-51=0$; $x_{1/2}=-7\pm10$; $\mathbb{L}=\{-3;17\}$;

185) a) $x^2-8x+16=0$; **b)** $x^2+25x-157{,}25=0$; **c)** z. B.: $x^2+8x+17=0$

186 ●●○ Quadratische Gleichungen in der Geometrie

So gut war ich.

Die in den Lösungsmengen enthaltenen Werte sollen Maßzahlen für Längenangaben von Seiten einer geometrischen Fläche sein.

Bestimme, um welche Art von Fläche es sich jeweils handelt. Begründe, warum gegebenenfalls angegebene Lösungsmengen nicht die Forderungen erfüllen.

a) $\mathbb{L} = \{5\}$ ______

b) $\mathbb{L} = \{-4; 3\}$ ______

c) $\mathbb{L} = \{6{,}1; 15{,}3\}$ ______

d) $\mathbb{L} = \{-4{,}5; -2{,}5\}$ ______

187 ●●○ Wende quadratische Gleichungen in der Geometrie an

So gut war ich.

Wie lang sind die ursprünglichen und die veränderten Rechtecksseiten?

x sei die Länge einer Rechtecksseite. (x − 5) sei die andere Rechtecksseitenlänge.
Verkürze die erste Seite um 4 cm und verlängere die zweite Seite um 2 cm, so erhältst du einen Flächeninhalt von 12 cm^2.

186) a) Quadrat; **b)** Eine Fläche kann keine negative Seitenlänge haben. Damit ist die eine positive Längenangabe auch nicht hinreichend für eine Fläche.; **c)** Rechteck; **d)** Geometrische Längenangaben dürfen nicht negativ sein.

187) Gleichung: $(x-4)(x-5+2) = 12$; Lösungen: $x = 0$, $x = 7$, davon ist nur $x = 7$ verwendbar. Die ursprünglichen Rechteckseiten sind 7 cm und 2 cm lang, die veränderten 3 cm und 4 cm.

188 ●●● Finde das kleinste Produkt

So gut war ich. ☺ 😐 ☹

Für welche zwei Zahlen ist das Produkt am kleinsten, wenn eine Zahl um 6 kleiner ist als die andere?

189 ●●● Finde die maximale Dreiecksgröße

So gut war ich. ☺ 😐 ☹

Gegeben sei der Graph von $y = -(x-2)^2+2$ im Intervall [0; 4]. Lege unter die Kurve ein rechtwinklig-gleichschenkliges Dreieck mit maximalem Flächeninhalt. Eine Dreiecksseite soll auf der x-Achse liegen.

Fertige eine Zeichnung an.

188) Bestimme den Scheitelpunkt von $x(x-6) = x^2-6x$; $S(3\,|-9)$ ist der Scheitelpunkt einer nach oben geöffneten Parabel, also ihr tiefster Punkt. Die gesuchten Zahlen sind −3 und 3.

189) $A = \frac{x^2}{2}$, $x = y$, da Dreieck gleichschenklig;
$\frac{x^2}{2} = -x^2+4x-2$; Lösungen: $x = 2$, $x = \frac{2}{3}$, nur $x = 2$ ist interessant, da der Flächeninhalt möglichst groß sein soll.
Der Flächeninhalt beträgt 2 cm.

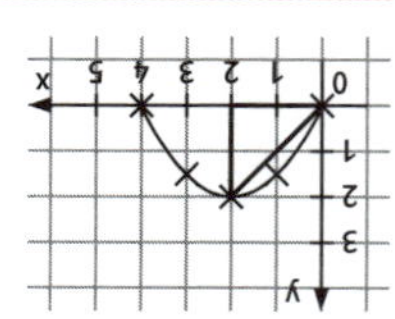

190 ●○○ Einfach zeichnen I

So gut war ich. ☺ 😐 ☹

Zeichne die Parabeln, die zu folgenden Funktionsgleichungen gehören, in ein Koordinatensystem. Verwende hierzu ein kariertes Blatt Papier.

a) $y = x^2 + 2$

b) $y = -x^2 - 1$

c) $y = 2x^2 + 1$

d) $y = 0{,}5x^2 + 1$

e) $y = 3x^2 - 3$

f) $y = -0{,}25x^2 + 4$

191 ●○○ Einfach zeichnen II

So gut war ich. ☺ 😐 ☹

Zeichne die Parabeln, die zu folgenden Funktionsgleichungen gehören, in ein Koordinatensystem. Verwende hierzu ein kariertes Blatt Papier.

a) $y = (x - 3)^2$

b) $y = (x + 2)^2$

c) $y = 2(x - 1)^2$

d) $y = -0{,}5(x + 3)^2$

e) $y = -0{,}25(x - 0{,}5)^2$

f) $y = 4(x + 1)^2$

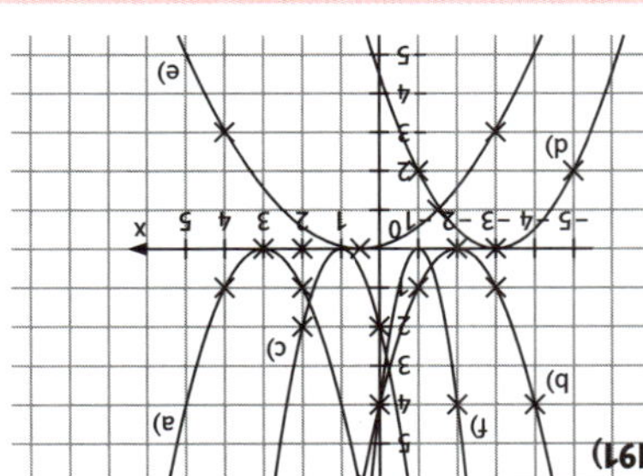

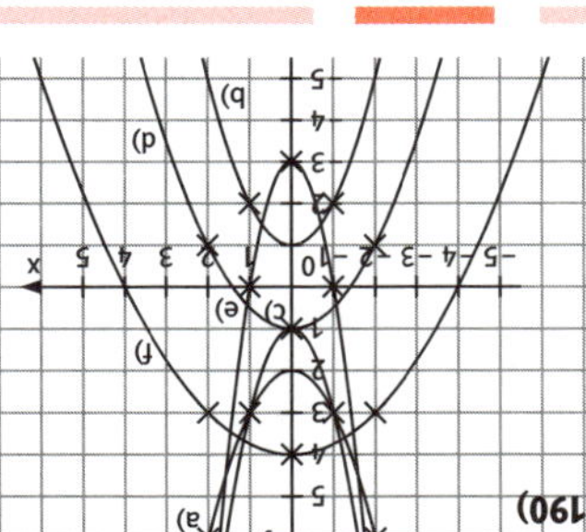

192 ●●○ Einfach zeichnen III

So gut war ich.

Zeichne die Parabeln, die zu folgenden Funktionsgleichungen gehören, in ein Koordinatensystem. Verwende hierzu ein kariertes Blatt Papier.

a) $y = (x-1)^2+1$

b) $y = (x-2)^2-2$

c) $y = -2(x-3)^2+3$

d) $y = 0{,}5(x+4)^2-4$

e) $y = 3(x+1)^2-5$

f) $y = -0{,}25(x+1{,}5)^2-2{,}5$

193 ●●○ Geraden schneiden eine Parabel

So gut war ich.

Bestimme die Schnittpunkte zeichnerisch und rechnerisch auf einem karierten Blatt Papier.

Die Parabel mit der Funktionsgleichung $y = -(x+4)^2+4$ wird von zwei Geraden mit den Gleichungen $y_1 = 3$ und $y_2 = -5$ je an zwei Stellen geschnitten.

192)

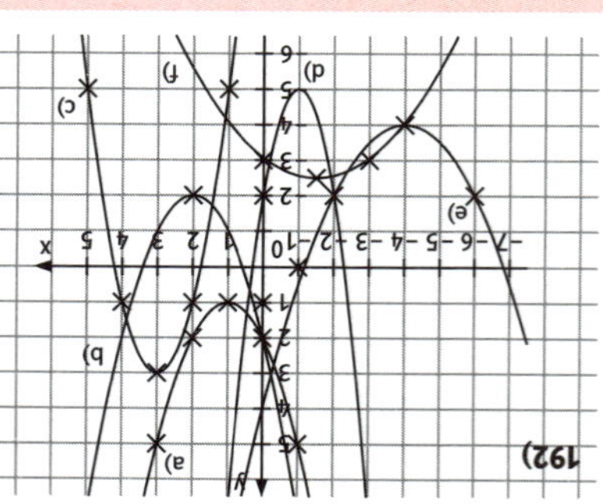

193) Zeichnerisch:

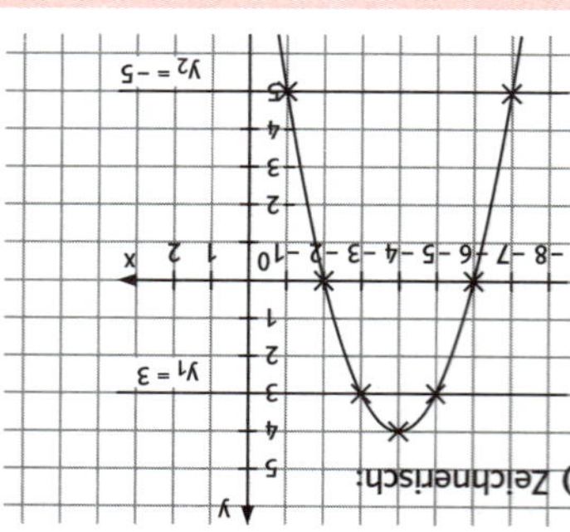

Rechnerisch:

$3 = -(x+4)^2+4$;

Lösungen: $x_1 = -5$ und $x_2 = -3$;

$-5 = -(x+4)^2+4$;

Lösungen:

$x_1 = -1$ und $x_2 = -7$

194 ●●○ Findest du die Funktionsgleichungen?

So gut war ich.

Gib die Funktionsgleichungen zu den abgebildeten Graphen an.

a) y_1 = ____________________

b) y_2 = ____________________

c) y_3 = ____________________

d) y_4 = ____________________

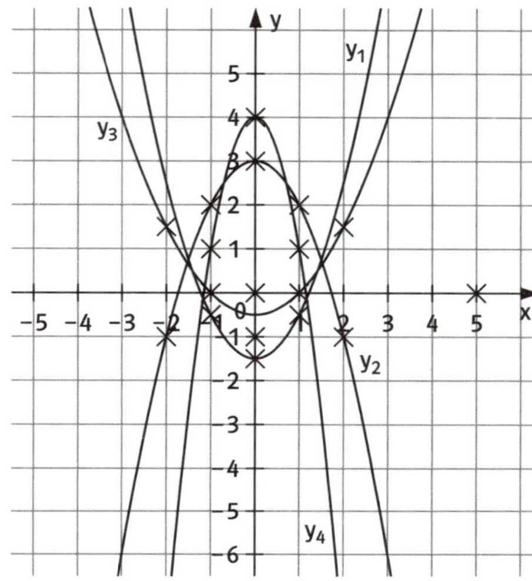

195 ●●○ Wie heißen die Scheitelpunkte?

So gut war ich.

Bestimme jeweils Scheitelpunkt und Funktionsgleichung der abgebildeten Graphen in der Scheitelform.

a) S_1(____ | ____) und

y_1 = ____________________

b) S_2(____ | ____) und

y_2 = ____________________

c) S_3(____ | ____) und

y_3 = ____________________

d) S_4(____ | ____) und

y_4 = ____________________

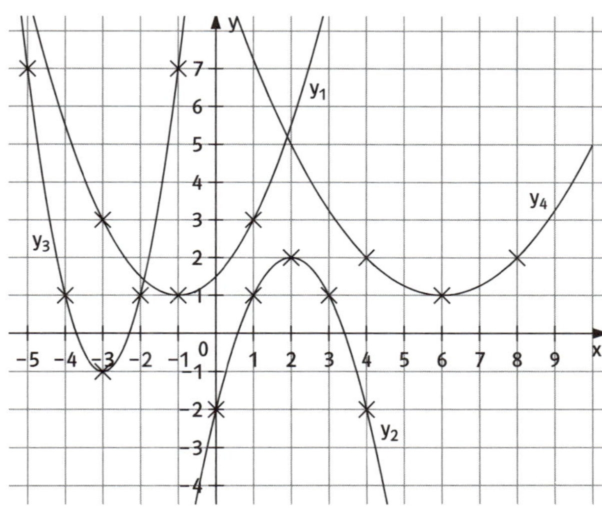

194 a) $y_1 = x^2 - 1{,}5$; **b)** $y_2 = -x^2 + 3$; **c)** $y_3 = 0{,}5x^2 - 0{,}5$; **d)** $y_4 = -3x^2 + 4$

195 a) S(−1|1) und $y_1 = \frac{1}{2}(x+1)^2 + 1$; **b)** S(2|2) und $y_2 = -(x-2)^2 + 2$; **c)** S(−3|−1) und $y_3 = 2(x+3)^2 - 1$; **d)** S(6|1) und $y_4 = \frac{1}{4}(x-6)^2 + 1$

196 ●●○ Nullpunkte sehen und berechnen

So gut war ich. ☺ 😐 ☹

Bestimme rechnerisch die Nullpunkte der abgebildeten Graphen. Bestimme die Funktionsgleichung in der Normalform.

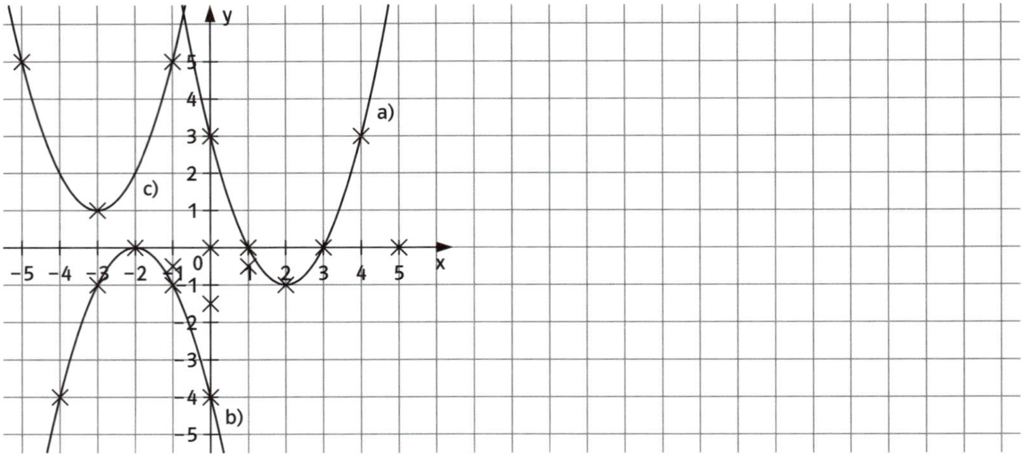

197 ●●○ Parabeln ermitteln und zeichnen

So gut war ich. ☺ 😐 ☹

a) Eine Parabel 2. Ordnung ist nach unten geöffnet und mit dem Faktor 2 gestreckt. Ihr Scheitelpunkt ist S(−2 | 0).

Gib die Funktionsgleichung in der Scheitelform an und zeichne den Funktionsgraphen. Verwende ein kariertes Blatt Papier.

b) Eine Parabel 2. Ordnung ist nach oben geöffnet, mit dem Faktor $\frac{1}{2}$ gestaucht und ihr Scheitelpunkt ist S(3 | 1).

Gib die Funktionsgleichung in der Scheitelform an und zeichne den Funktionsgraphen. Verwende ein kariertes Blatt Papier.

zu 197)

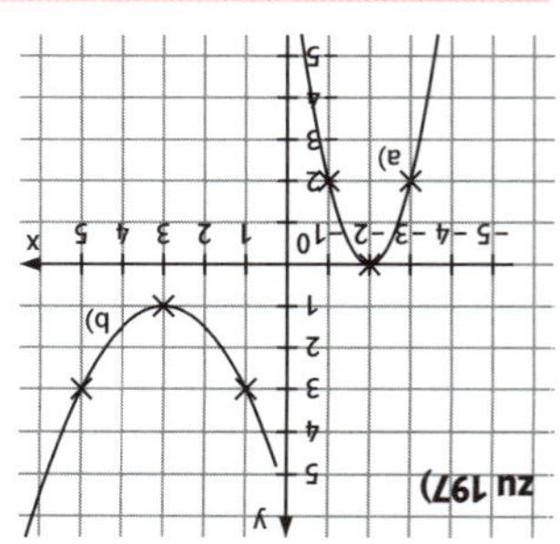

197) a) $y = -2(x+2)^2$; **b)** $y = \frac{1}{2}(x-3)^2+1$

196) a) $y = x^2-4x+3$ und $N_1(1|0)$ und $N_2(3|0)$; **b)** $y = -x^2-4x-4$ und $N(-2|0)$; **c)** $y = x^2+6x+10$ und kein Nullpunkt; Lösung mittels pq-Formel

198 ●●○ Verschiebe die Parabeln

So gut war ich.

Verschiebe die Parabel $y = x^2 - 1$

a) um eine Einheit nach links und um fünf Einheiten nach oben. Gib die neue Funktionsgleichung an und zeichne den Graphen in das vorgegebene Koordinatensystem ein.

b) um 2,5 Einheiten nach rechts und um zwei Einheiten nach unten; verfahre dann wie in a).

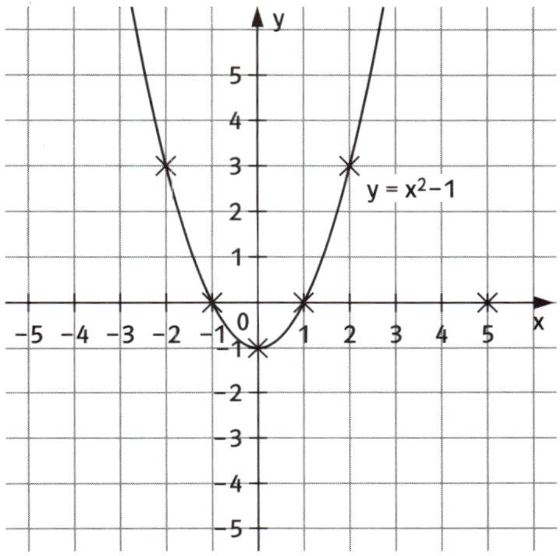

199 ●●○ Zeichnen und spiegeln

So gut war ich.

a) Zeichne auf einem karierten Blatt Papier die Parabel zu $y = -\frac{1}{2}(x-0{,}5)^2 + 3$ und spiegele sie an der y-Achse.

b) Zeichne auf einem karierten Blatt Papier die Parabel zu $y = 2(x-2)^2 - 2$ und spiegele sie an der x-Achse.

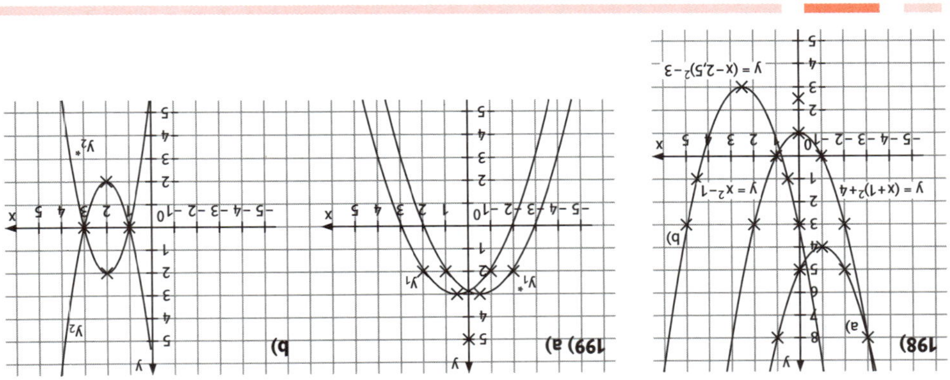

200 ●○○ Wo schneiden Parabeln die Koordinatenachsen?

So gut war ich. ☺ 😐 ☹

Lies die Schnittpunkte der Parabeln y_1 bis y_6 mit den Koordinatenachsen ab und schreibe sie wie folgt auf:
$P(0\,|\,y_0)$ ist Schnittpunkt mit y-Achse;
$N(x_0\,|\,0)$ ist Nullpunkt.

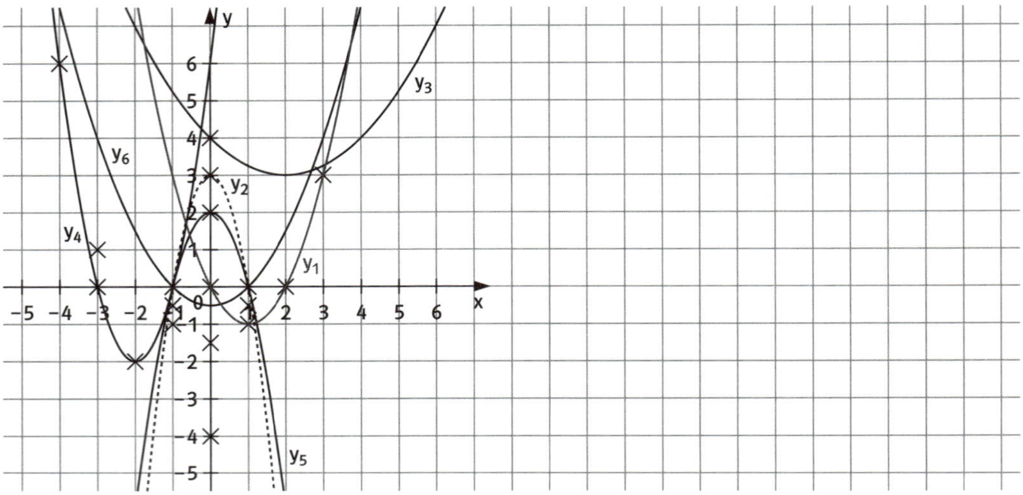

201 ●●○ Wo schneiden Parabeln die Koordinatenachsen?

So gut war ich. ☺ 😐 ☹

Ermittle rechnerisch die Schnittpunkte der Parabeln mit den Koordinatenachsen.
Schreibe sie wie folgt auf: $P(0\,|\,y_0)$ ist Schnittpunkt mit y-Achse; $N(x_0\,|\,0)$ ist Nullpunkt.

a) $y = (x-1)^2 - 1$ b) $y = -2x^2 + 2$ c) $y = 0{,}25(x-2)^2 + 3$

d) $y = 2(x+2)^2 - 2$ e) $y = -3x^2 + 3$ f) $y = 0{,}5x^2 - 0{,}5$

200) y_1: $P(0|0)$, $N_1(0|0)$, $N_2(2|0)$; y_2: $P(0|3)$, $N_1(-1|0)$, $N_2(1|0)$; y_3: $P(0|4)$, keine Nullpunkte;
y_4: $P(0|6)$, $N_1(-3|0)$, $N_2(-1|0)$; y_5: $P(0|2)$, $N_1(-1|0)$, $N_2(1|0)$; y_6: $P(0|-0{,}5)$, $N_1(-1|0)$, $N_2(1|0)$

201) a) $P(0|0)$, $N_1(0|0)$, $N_2(2|0)$; **b)** $P(0|2)$, $N_1(-1|0)$, $N_2(1|0)$; **c)** $P(0|4)$, keine Nullpunkte;
d) $P(0|6)$, $N_1(-3|0)$, $N_2(-1|0)$; **e)** $P(0|3)$, $N_1(-1|0)$, $N_2(1|0)$; **f)** $P(0|-0{,}5)$, $N_1(-1|0)$, $N_2(1|0)$

202 ●●○ Parabeln schneiden sich und die Koordinatenachsen

So gut war ich. ☺ 😐 ☹

a) Zwei Parabeln mit den Gleichungen $y_1 = -x^2 + 4$ und $y_2 = 0{,}25x^2 - 1$ schneiden sich.

Bestimme die Schnittpunkte zeichnerisch und rechnerisch auf einem karierten Blatt Papier.

b) Die Parabeln aus a) haben Schnittpunkte mit den Koordinatenachsen und je einen Scheitelpunkt.

Gib alle diese Punkte an.

203 ●●○ Parabeln schneiden sich

So gut war ich. ☺ 😐 ☹

Die abgebildeten Parabeln schneiden sich in den Punkten $N_1(1|0)$ und $N_2(5|0)$.

a) Gib ihre Funktionsgleichungen an.

b) Weise rechnerisch die angegebenen Schnittpunkte nach.

c) Zeige, dass die x-Werte von N_1 und N_2 Nullstellen beider Funktionen sind.

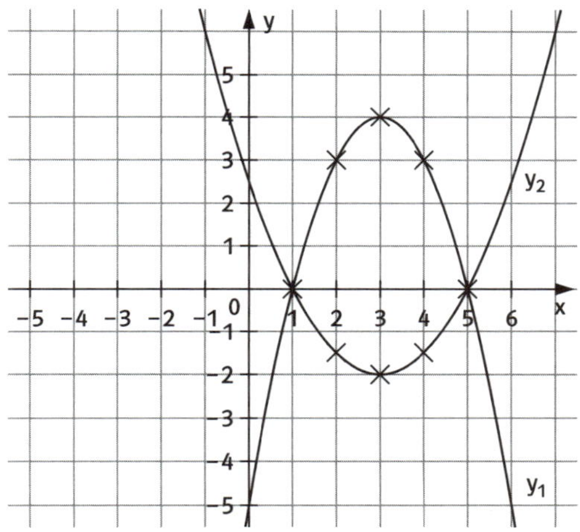

202) a) Zeichnerisch:

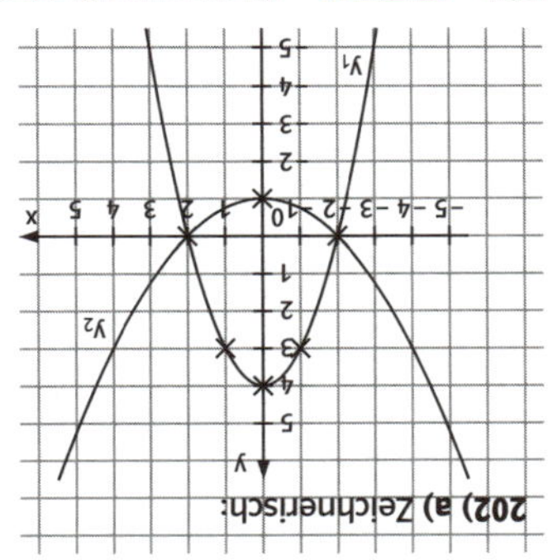

Rechnerisch: $-x^2+4 = 0{,}25x^2-1$; Lösungen: $P_1(-2|0)$, $P_2(2|0)$;

b) $P_1(0|-1)$, $P_2(-2|0)$, $P_3(2|0)$, $S(0|-1)$; $Q_1(0|4)$, $Q_2(-2|0)$, $Q_3(2|0)$, $S(0|4)$

203) a) $y_1 = -(x-3)^2+4$ und $y_2 = 0{,}5(x-3)^2-2$; **b)** Setze $y_1 = y_2$;
c) $0 = -(x-3)^2+4$ ergibt $x_1 = 1$ und $x_2 = 5$; $0 = 0{,}5(x-3)^2-2$ ergibt dieselben Nullstellen.

204 ●●● Ermittle den Scheitelpunkt

So gut war ich.

Bestimme den jeweiligen Scheitelpunkt der Funktionen, deren Funktionsgleichungen in der Normalform angegeben sind.

Tipp: Nimm dazu die quadratische Ergänzung zu Hilfe.

a) $y = x^2 - 6x + 14$

b) $y = -x^2 + 2x - 4$

c) $y = 0{,}5x^2 - 4x + 9{,}5$

d) $y = -2x^2 - 8x - 14$

205 ●●● Suche den Scheitelpunkt

So gut war ich.

Bestimme den x-Wert des Scheitelpunktes als Mittelwert zwischen den Nullstellen der Funktion. Vervollständige anschließend den Scheitelpunkt.

a) $y = x^2 - 4$

b) $y = x^2 + 10x + 25$

c) $y = x^2 + 2x - 15$

d) $y = x^2 - x - 0{,}75$

204) a) $y = (x-3)^2 + 5$; $S(3|5)$; **b)** $y = -(x-1)^2 - 3$; $S(1|-3)$; **c)** $y = 0{,}5(x-4)^2 + 1{,}5$; $S(4|1{,}5)$; **d)** $y = -2(x+2)^2 - 6$; $S(-2|-6)$

205) a) Nullstellen: $x_1 = -2$; $x_2 = 2$; $S(0|-4)$; **b)** Nullstelle: $x = -5$ ist auch x-Koordinate des Scheitelpunktes, $S(-5|0)$; **c)** Nullstellen: $x_1 = -5$; $x_2 = 3$; $S(-1|-16)$; **d)** Nullstellen: $x_1 = -0{,}5$; $x_2 = 1{,}5$; $S(0{,}5|-1)$

206 ●●○ Ermittle dieses Muster

So gut war ich.

Das Muster ist allein aus Funktionsgraphen quadratischer Funktionen entstanden.
Ermittle die Funktionsgleichungen zu den Graphenstücken.

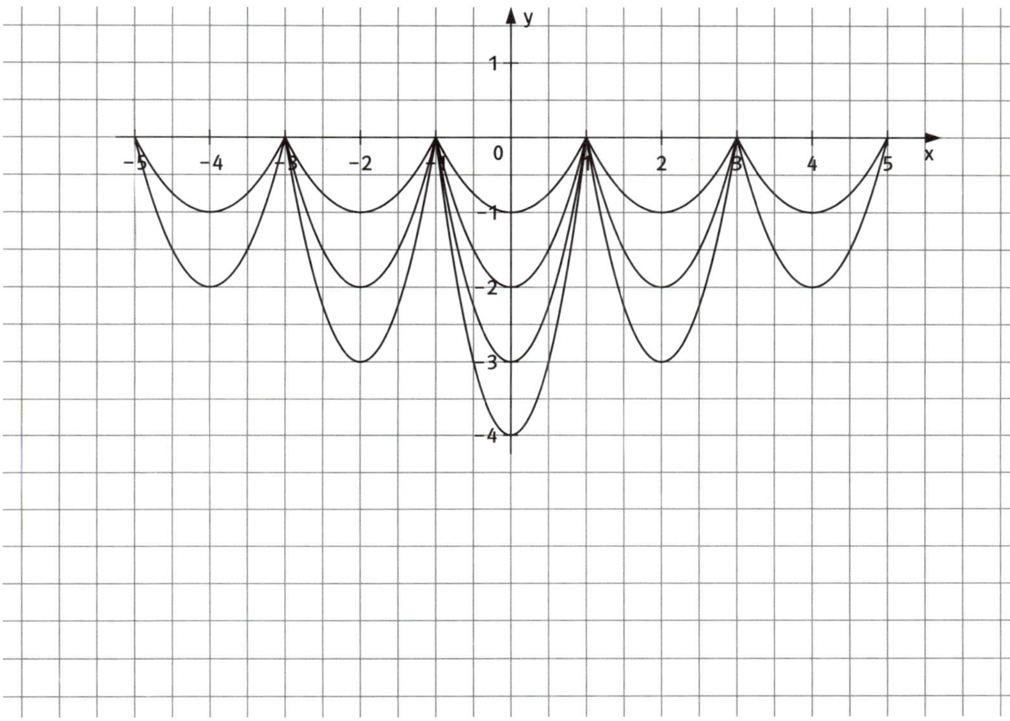

207 ●●○ Lass dir etwas einfallen

So gut war ich.

a) Zeichne auf einem karierten Blatt den Funktionsgraphen zu $y = 0{,}5x^2 - 2$ in ein Koordinatensystem.

b) Finde zwei Parabeln, die nach unten geöffnet sind und die Parabel aus a) in den beiden Nullstellen schneiden.

206) Mitte: $y = x^2 - 1$; $y = 2x^2 - 2$; $y = 3x^2 - 3$; $y = 4x^2 - 4$;
rechts: $y = (x-2)^2 - 1$; $y = (x-2)^2 - 2$; $y = (x-2)^2 - 3$ und $y = (x-4)^2 - 1$; $y = (x-4)^2 - 2$;
links: $y = (x+2)^2 - 1$; $y = (x+2)^2 - 2$; $y = (x+2)^2 - 3$ und $y = (x+4)^2 - 1$; $y = (x+4)^2 - 2$

207)

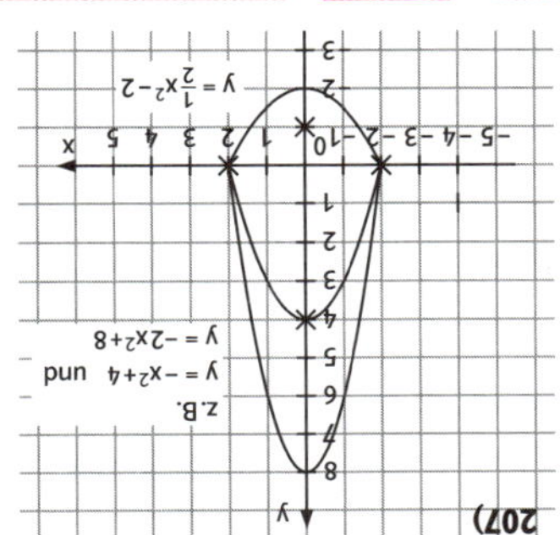

208 ●●○ Kannst du den Flächeninhalt bestimmen?

So gut war ich. ☺ 😐 ☹

Zeichne den Graphen zu $y = -x^2 + 4$ im Intervall $[-2; 2]$. Teile die Fläche unter der Parabel mit gradlinig begrenzten Flächen aus, deren Flächeninhalt du genau berechnen kannst. Teile so ein, dass die Fläche so optimal wie möglich ausgefüllt ist. Versuche außerdem, mit möglichst wenigen Flächenstücken auszukommen.

209 ●●○ Welche Form hat ein Regenbogen?

So gut war ich. ☺ 😐 ☹

Ein Regenbogen hat (von außen nach innen) die Farben Rot, Orange, Gelb, Grün, Blau, Violett. Der violette Bogen wird begrenzt von Parabelstücken zu $y_1 = -x^2 + 1$ und $y_2 = -0{,}5x^2 + 2$.

Vervollständige den Regenbogen zeichnerisch auf einem karierten Blatt Papier. Gib jeweils die zugehörigen Funktionsgleichungen an.

Tipp: Wähle 1 Kästchen ≙ 1 Einheit.

208

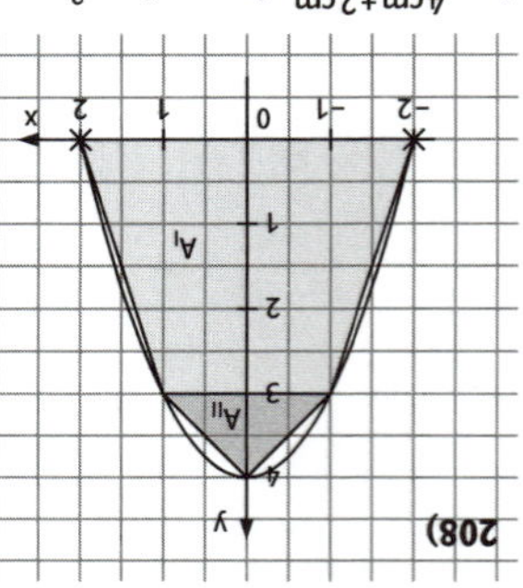

$A_I = \frac{4\,\text{cm} + 2\,\text{cm}}{2} \cdot 3\,\text{cm} = 9\,\text{cm}^2$

$A_{II} = \frac{2\,\text{cm} \cdot 1\,\text{cm}}{2} = 1\,\text{cm}^2$

209

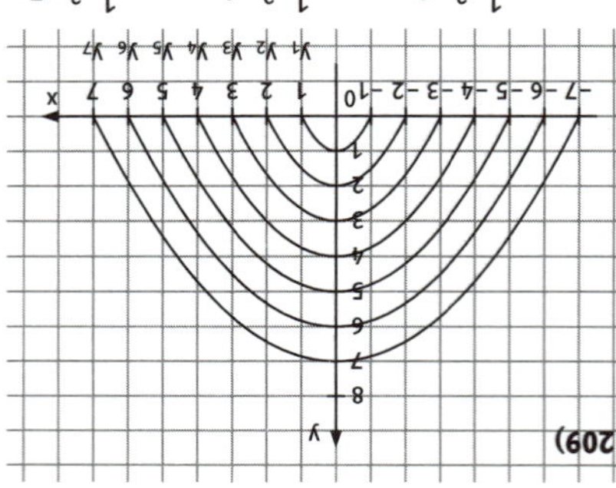

$y_3 = -\frac{1}{3}x^2 + 3$; $y_4 = -\frac{1}{4}x^2 + 4$; $y_5 = -\frac{1}{5}x^2 + 5$;

$y_6 = -\frac{1}{6}x^2 + 6$; $y_7 = -\frac{1}{7}x^2 + 7$

210 ●●○ Was hat eine Hängematte mit einer Parabel zu tun?

So gut war ich. ☺ 😐 ☹

Eine Hängematte ist an zwei Bäumen befestigt, die 4 m voneinander entfernt stehen. Die Befestigungshöhe liegt bei 1,5 m und die Matte hängt an der tiefsten Stelle 0,5 m über dem Boden.

Zeichne auf einem karierten Blatt eine Skizze mit der y-Achse als linken Baum. Beschreibe den Kurvenverlauf, den die Hängematte nimmt, durch eine Funktionsgleichung.

211 ●●● Wenn ein Gummiball in Bögen springt

So gut war ich. ☺ 😐 ☹

Ein Gummiball springt mehrmals im Bogen weiter, bis er ausrollt und liegen bleibt. Jan wirft einen Ball, der nach 3 m erstmals auf dem Boden auftrifft.

a) Gib den Kurvenflug des Balles zwischen dem ersten und zweiten Auftippen an. Lies die nötigen Werte aus der Zeichnung ab.

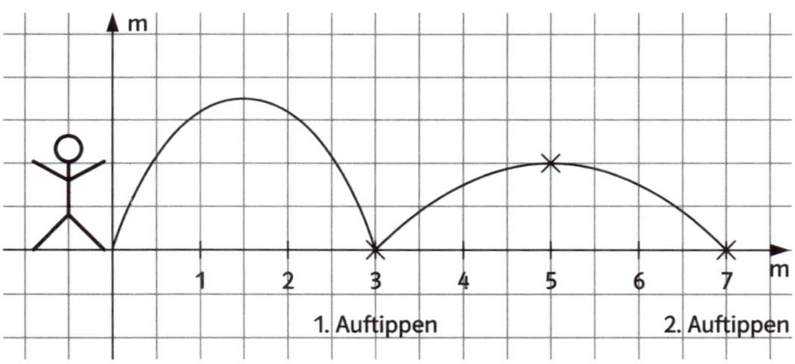

b) Weise anschließend rechnerisch nach, dass der Ball tatsächlich diese Aufschlagpunkte hat. Berechne dazu die Nullstellen deiner ermittelten Funktionsgleichung.

210) Skizze:

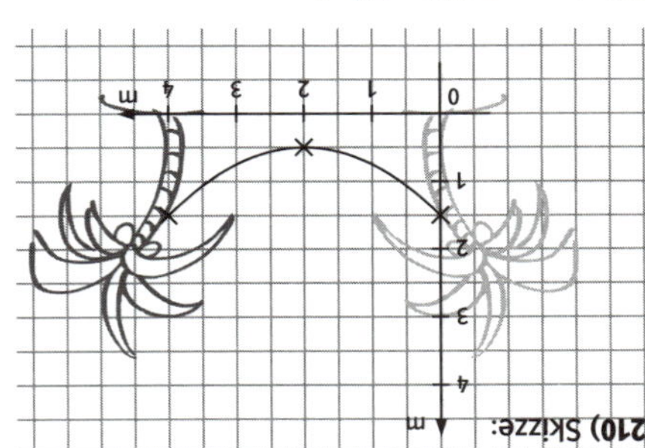

$y = 0{,}25(x-2)^2 + 0{,}5$

211) a) $y = -0{,}25(x-5)^2 + 1$

b) $0 = x^2 - 10x + 21$ Lösungen: $x_1 = 3$ und $x_2 = 7$

212 ●●● Interessanter Springbrunnen

So gut war ich. ☺ 😐 ☹

In einem Springbrunnen schießen aus kreisförmig angeordneten Löchern Wasserstrahlen aus dem Boden, die sich nach einem hohen Bogen alle in der Mitte treffen und wieder ins Wasser eintauchen. Zwischen den Löchern und der Brunnenmitte sind es 3 m; der Fontainenbogen erreicht eine maximale Höhe von 4,5 m.

Zeichne eine Skizze auf einem kariertem Blatt Papier zum Verlauf des Wasserstrahls und gib eine geeignete Funktionsgleichung an.

213 ●●● Seilspringen

So gut war ich. ☺ 😐 ☹

Tina und Lisa drehen ein Seil, über das Lisas kleinste Schwester Julia springt, sobald dieses den Boden berührt. Tina und Lisa halten das Seil in 1 m Höhe über dem Boden in der Hand; beim Drehen des Seiles liegen dessen höchster und niedrigster Punkt insgesamt 2 m auseinander.

Lies alle weiteren wichtigen Informationen aus der Zeichnung ab und gib für den Seilschwung zwei passende Funktionsgleichungen an:
- **einmal für den Kurvenverlauf, wenn das Seil gerade den Boden berührt;**
- **einmal für den Kurvenverlauf, wenn das Seil den höchsten Punkt in der Luft erreicht.**

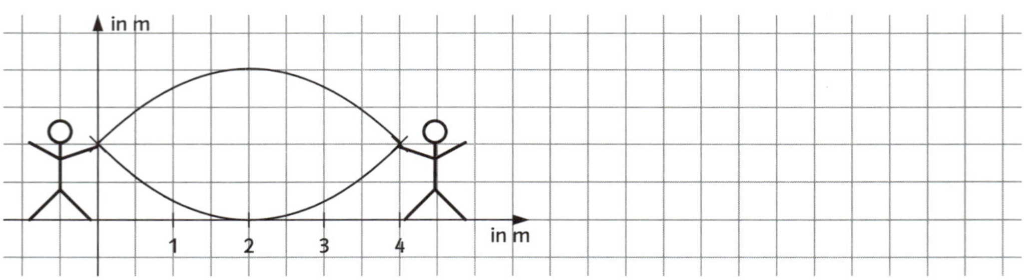

212) Skizze:

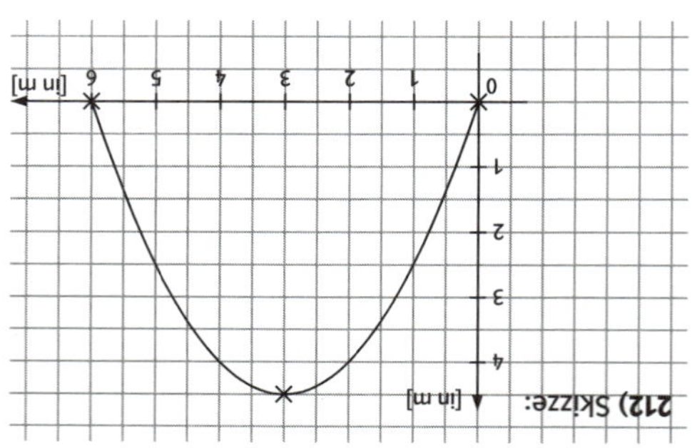

$y = -0{,}5(x-3)^2 + 4{,}5$

213) $y_1 = -0{,}25(x-2)^2 + 2$ und $y_2 = 0{,}25(x-2)^2$

214 ●●○ Kleine und große Gräben

So gut war ich.

Der Querschnitt eines Grabens hat die Form eines Trapezes mit $a = 2{,}5\,m$, $c = 3{,}5\,m$ und $h = 1{,}5\,m$.

a) Berechne die Flächengröße des Querschnittes.

b) Wie würde sich der Querschnitt vergrößern, wenn man Breite und Höhe des Grabens verfünffachen würde?

c) Wie würde sich der Querschnitt verändern, wenn man Breite und Höhe des Grabens halbieren würde?

215 ●●○ Kleine und große Kreise

So gut war ich.

Zeichne drei konzentrische Kreise mit $r = 1\,cm$, $r = 2\,cm$, $r = 3\,cm$.

a) Berechne die Flächeninhalte der Kreise und zeige zwischen den Größen eine Beziehung auf. Runde auf die zweite Nachkommastelle.

b) Wie würde sich der Flächeninhalt eines Kreises verändern, wenn man den Radius vierteln würde?

214) a) $A = 4{,}5\,m^2$; **b)** Die Größe würde auf das 25-fache ansteigen. **c)** Die Größe würde nur noch $\frac{1}{4}$ der ursprünglichen Größe betragen.

215) Konzentrische Kreise bedeutet: Der Mittelpunkt aller drei Kreise ist derselbe. Sie liegen (symmetrisch) ineinander. **a)** $A_1 = 3{,}14\,cm^2$; $A_2 = 12{,}57\,cm^2 = 4 \cdot 3{,}14\,cm^2$; $A_3 = 28{,}27\,cm^2 = 9 \cdot 3{,}14\,cm^2$. Wird der Radius verdoppelt, so vervierfacht sich der Flächeninhalt. Wird der Radius verdreifacht, so verneunfacht sich der Flächeninhalt.
b) Der Flächeninhalt würde nur noch den sechszehnten Teil betragen.

216 ●○○ Einfach nur zeichnen

So gut war ich. ☺ 😐 ☹

Zeichne die Graphen folgender Funktionsgleichungen in unterschiedlichen Farben in zwei Koordinatensysteme auf einem karierten Blatt.

a) $y = x^3$

b) $y = -x^3$

c) $y = 0{,}25x^4$

d) $y = -0{,}25x^2$

e) $y = 0{,}5x^3$

217 ●○○ Welche Punkte gehören dazu?

So gut war ich. ☺ 😐 ☹

Prüfe nach, welche der folgenden Punkte auf dem Graphen zu $y = 2x^3$ liegen.
Liegt der Punkt auf dem Graphen, so mache in das Kästchen einen ✓, ansonsten ein –.

a) $P_1(3\,|\,54)$ ☐

b) $P_2(0{,}5\,|\,0{,}25)$ ☐

c) $P_3(-1{,}3\,|\,-4{,}3)$ ☐

d) $P_4(-11\,|\,2662)$ ☐

e) $P_5(-9\,|\,-729)$ ☐

f) $P_6(8{,}4\,|\,1185{,}408)$ ☐

g) $P_7(0{,}25\,|\,0{,}03125)$ ☐

h) $P_8(-0{,}4\,|\,-0{,}128)$ ☐

217) a) ✓; b) ✓; c) –; d) –; e) –; f) ✓; g) ✓; h) ✓

216)

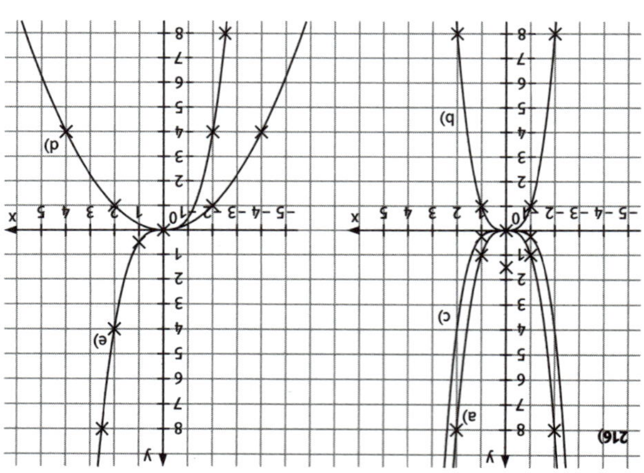

218 ●●○ Finde die passenden Koordinaten

So gut war ich. ☺ 😐 ☹

Ergänze die fehlenden Koordinaten so, dass die Punkte auf dem Graphen mit der Funktionsgleichung $y = 0{,}25x^4$ liegen.

a) $P_1(5\,|$ ______ $)$

b) $P_2(-1{,}1\,|$ ______ $)$

c) $P_3(1\,|$ ______ $)$

d) $P_4(-2{,}1\,|$ ______ $)$

e) $P_5(0{,}5\,|$ ______ $)$

f) $P_6(6\,|$ ______ $)$

219 ●●● Doppelungen sind möglich

So gut war ich. ☺ 😐 ☹

Ergänze die fehlenden Koordinaten so, dass die Punkte auf dem Graphen mit der Funktionsgleichung $y = 0{,}25x^4$ liegen.

Tipp: Beachte, dass derselbe Punkt auch auf dem Graphen einer anderen Potenzfunktion liegen kann. Gib diese an, wenn du sie findest. Außerdem sind die gesuchten x-Koordinaten bei einer Potenzfunktion vierten Grades sowohl positiv als auch negativ.

a) $P_1(2\,|$ ______ $)$ ______

b) $P_2($ ______ $|\,0{,}25)$ ______

c) $P_3($ ______ $|\,64)$ ______

d) $P_4($ ______ $|\,20{,}25)$ ______

e) $P_5(0{,}5\,|$ ______ $)$ ______

f) $P_6($ ______ $|\,0)$ ______

218) a) $P_1(5\,|\,156{,}25)$; **b)** $P_2(-1{,}1\,|\,0{,}366025)$; **c)** $P_3(1\,|\,0{,}25)$; **d)** $P_4(-2{,}1\,|\,4{,}862025)$; **e)** $P_5(0{,}5\,|\,0{,}015625)$; **f)** $P_6(6\,|\,324)$

219) a) $P_1(2\,|\,4)$, passt auch zu $y = x^2$; **b)** $P_2(1\,|\,0{,}25)$ oder $(-1\,|\,0{,}25)$, passt auch zu $y = 0{,}25x^2$; **c)** $P_3(4\,|\,64)$ oder $(-4\,|\,64)$, $(4\,|\,64)$ passt auch zu $y = x^3$; **d)** $P_4(3\,|\,20{,}25)$ oder $(-3\,|\,20{,}25)$; **e)** $P_5\left(0{,}5\,\middle|\,\frac{1}{32}\right)$ oder $\left(-0{,}5\,\middle|\,\frac{1}{32}\right)$, $\left(0{,}5\,\middle|\,\frac{1}{32}\right)$ passt auch zu $y = x^5$; **f)** $P_6(0\,|\,0)$ passt zu allen Potenzfunktionen, deren y-Achsenabschnitt null ist.

220 ●●○ Findest du die Funktionsvorschrift?

So gut war ich. ☺ 😐 ☹

Gegeben sind die folgenden Punktepaare.

Ermittle auf einem Extra-Blatt jeweils die Funktionsgleichung, zu der sie gehören.

a) P(−3 | −27), Q(−0,5 | −0,125) gehören zu ______

b) P(−2 | −16), Q(3 | 54) gehören zu ______

c) P(−1 | −1), Q(−2 | −32) gehören zu ______

d) P(−1 | −0,25), Q(3 | 0,75) gehören zu ______

e) P(5 | 1250), Q(1 | 2) gehören zu ______

221 ●●● Erkennst du die Graphen?

So gut war ich. ☺ 😐 ☹

Ordne den Graphen eine Funktionsgleichung zu.

Tipp: Es ist jeweils angegeben, wie hoch in etwa der passende Exponent ist.

Zu a) Exponent von x > 4

______

Zu b) Exponent von x < 3

______

Zu c) Exponent von x ≧ 6

______

Zu d) Exponent von x < 5

______

Zu e) Exponent von x > 4

______

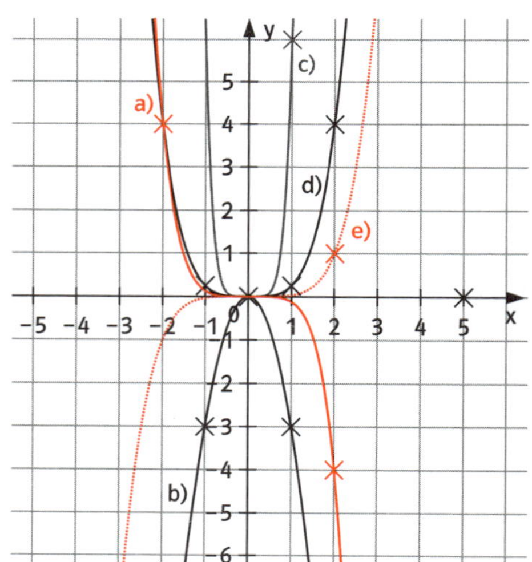

220 a) $y = x^3$; **b)** $y = 2x^3$; **c)** $y = x^5$; **d)** $y = 0{,}25x$; **e)** $y = 2x^4$

221 a) $y = -0{,}125x^5$; **b)** $y = -3x^2$; **c)** $y = 6x^6$; **d)** $y = 0{,}25x^4$; **e)** $y = \frac{1}{32}x^5$

222 ●●○ Gegeben: Eigenschaften – gesucht: Funktionsgleichungen

So gut war ich. ☺ 😐 ☹

Gib die zugehörige Funktionsgleichung oder auch mehrere passende Funktionsgleichungen an, wenn der Graph der Funktion

a) achsensymmetrisch zur y-Achse ist und durch die Punkte P(−1 | 1) und Q(1 | 1) geht __________

b) achsensymmetrisch zur y-Achse ist und durch die Punkte P(−2 | 16) und Q(2 | 16) geht __________

c) achsensymmetrisch zur y-Achse ist und durch die Punkte P(−0,5 | 0,015625) und Q(0,1 | 0,000001) geht __________

d) punktsymmetrisch zum Ursprung ist und durch P(−1 | −1) und Q(1 | 1) geht __________

e) punktsymmetrisch zum Ursprung ist und durch P(−4 | −64) und Q(2 | 8) geht __________

f) punktsymmetrisch zum Ursprung ist und durch $P\left(-\frac{1}{2} \middle| -\frac{1}{8}\right)$ und $Q\left(\frac{1}{3} \middle| \frac{1}{27}\right)$ geht __________

223 ●●○ Schau genau

So gut war ich. ☺ 😐 ☹

Ordne die abgebildeten Funktionsgraphen den richtigen Funktionsgleichungen zu.

Tipp: Beachte die sehr unterschiedlichen Einteilungen auf den jeweiligen y-Achsen.

(A) $y = 0{,}25x^5$; (B) $y = 10x^2$; (C) $y = -0{,}5x^3$; (D) $y = -0{,}5x^7$; (E) $y = x^4$; (F) $y = -0{,}5x^4$

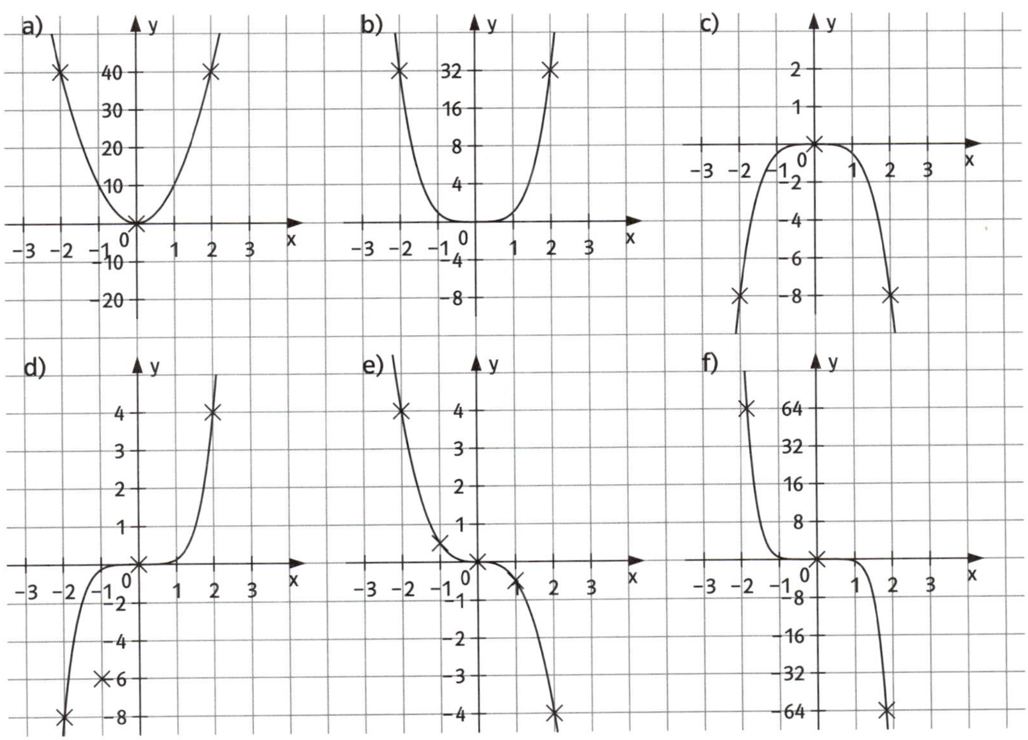

222) a) $y = x^2$, $y = x^4$ etc.: Alle Potenzfunktionen mit geradem Exponenten, die durch den Ursprung gehen.
b) $y = x^4$; **c)** $y = x^6$; **d)** $y = x^1$, $y = x^3$ etc.: Alle Potenzfunktionen mit ungeradem Exponenten, die durch den Ursprung gehen. **e)** $y = x^3$; **f)** $y = x^3$

223) a) → (B); **b)** → (E); **c)** → (F); **d)** → (A); **e)** → (C); **f)** → (D)

224 ●○○ Vervollständige die Tabelle

So gut war ich. ☺ 😐 ☹

Die folgende Wertetabelle gehört zur Potenzfunktion mit der Gleichung $y = x^5$.
Ergänze die fehlenden Werte.

x	−2	−0,5	0,2	1,2	2,5	3	5	7

225 ●●○ Beschreibe mit eigenen Worten

So gut war ich. ☺ 😐 ☹

Beschreibe einige Funktionsverläufe von Potenzfunktionen. Nenne Eigenschaften wie: achsensymmetrisch zur y-Achse, punktsymmetrisch zum Ursprung, verläuft von links unten nach rechts oben oder von links oben nach rechts oben, liegt enger an der y-Achse, liegt weiter von der y-Achse entfernt als der „normale" Graph oder als der Graph von …

a) $y = -x^3$

b) $y = -x^4$

c) $y = 2x^4$

d) $y = 0{,}5x^5$

224) $y = -32$; $y = -0{,}03125$; $y = 0{,}00032$; $y = 2{,}48832$; $y = 97{,}65625$; $y = 243$; $y = 3125$; $y = 16807$

225) a) Punktsymmetrisch zum Ursprung, verläuft von links oben nach rechts unten, verläuft „normal" in Bezug auf die y-Achse. **b)** Achsensymmetrisch zur y-Achse, verläuft von links unten nach rechts unten, liegt enger an der y-Achse als $y = x^2$. **c)** Achsensymmetrisch zur y-Achse, verläuft von links oben nach rechts oben, liegt enger an der y-Achse als $y = x^4$. **d)** Punktsymmetrisch zum Ursprung, verläuft von links unten nach rechts oben, ist weiter von der y-Achse entfernt als $y = x^5$, aber näher an der y-Achse als $y = x^3$.

226 ●○○ Wie groß sind alle Winkel?

So gut war ich. ☺ 😐 ☹

Ergänze alle fehlenden Winkelgrößen.
Erinnere dich an Begriffe wie: Wechselwinkel, Scheitelwinkel, Stufenwinkel, Nebenwinkel.

a)

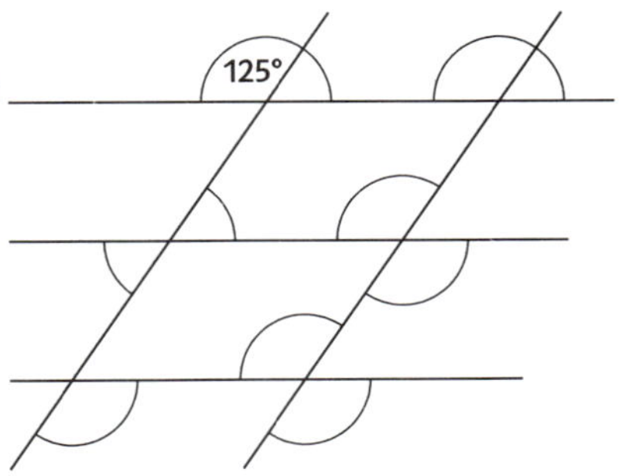

b)

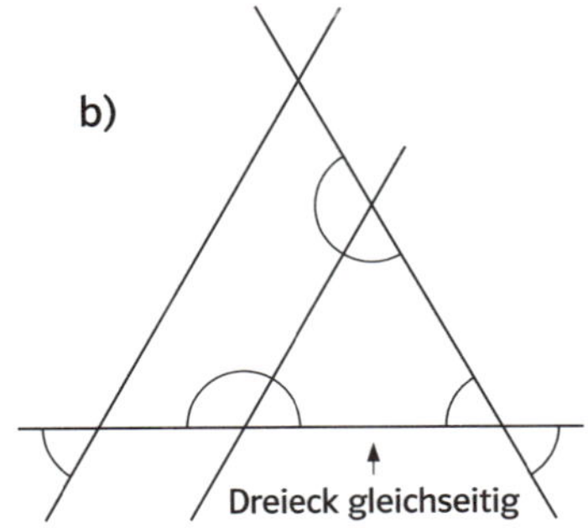

227 ●●○ Winkel in Flächen sind schnell berechnet

So gut war ich. ☺ 😐 ☹

Trage in den folgenden Figuren die fehlenden Winkelgrößen ein.
Erinnere dich: Die Winkelsumme im Dreieck beträgt 180°, die im Viereck 360°.
Zeichne, falls nötig, gestrichelte Hilfslinien ein.

a)

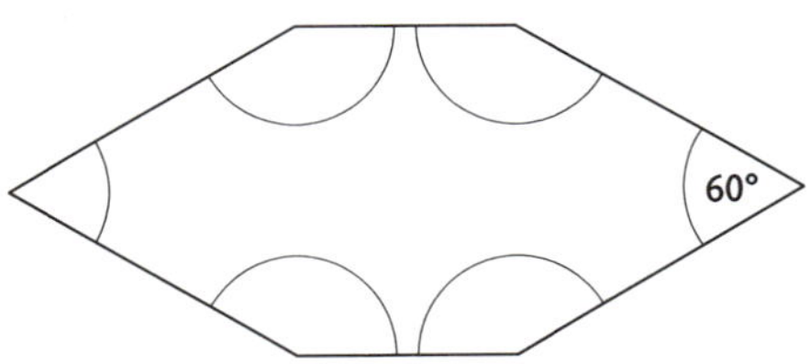

b)

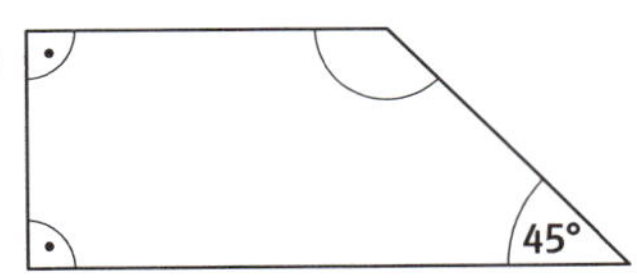

c)

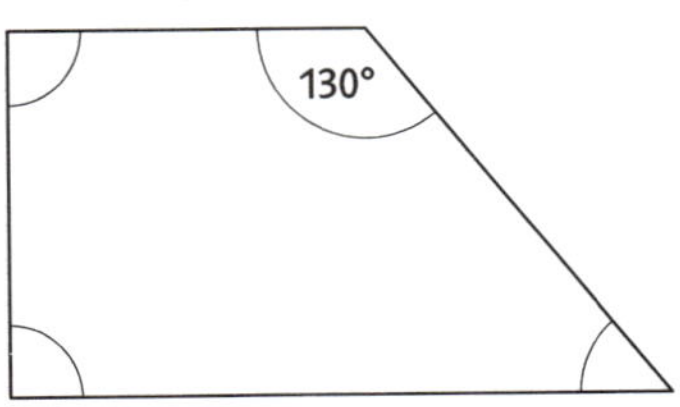

d)

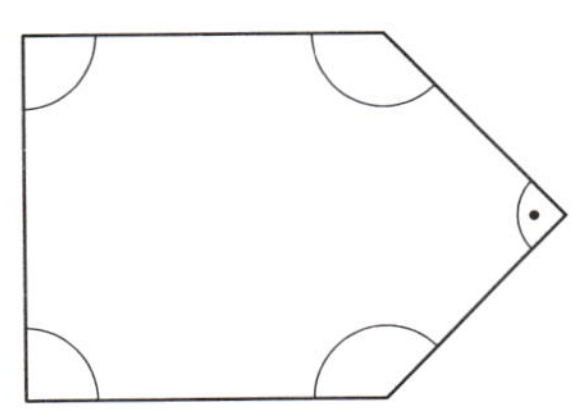

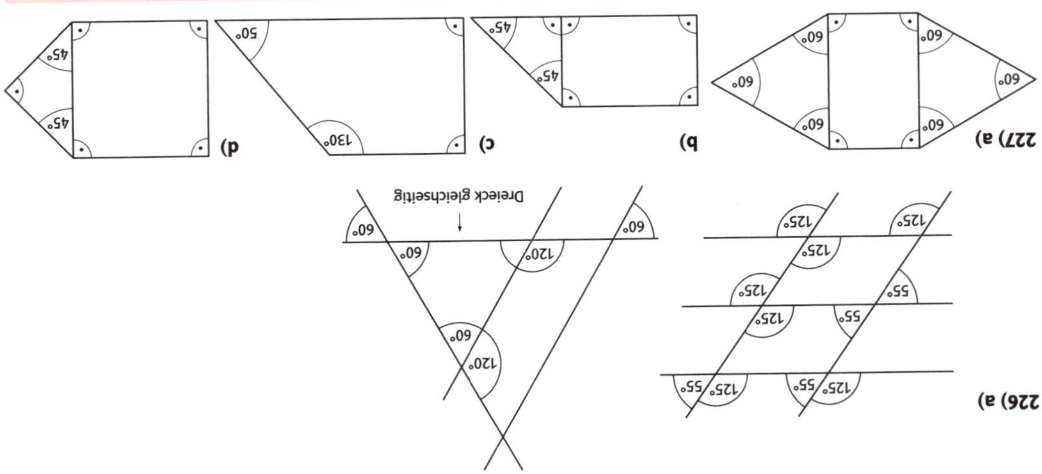

228 ●○○ Berechne alle Viereckswinkel

So gut war ich. ☺ 😐 ☹

a) Winkel α ist halb so groß wie Winkel β. Winkel γ ist drei Mal so groß wie α. $\beta = 56°$.

b) Winkel β ist um 13° größer als γ und um 13° kleiner als α. $\beta = 77°$.

c) Winkel δ = Winkel β und Winkel α = Winkel γ mit $\alpha = 44°$.

229 ●●○ Winkelsumme im Dreieck

So gut war ich. ☺ 😐 ☹

Trage alle Winkelgrößen ein.

Betrachte die Abbildung. Dreieck I ist rechtwinklig-gleichschenklig, Dreieck II ist gleichschenklig, Dreieck III ist rechtwinklig.

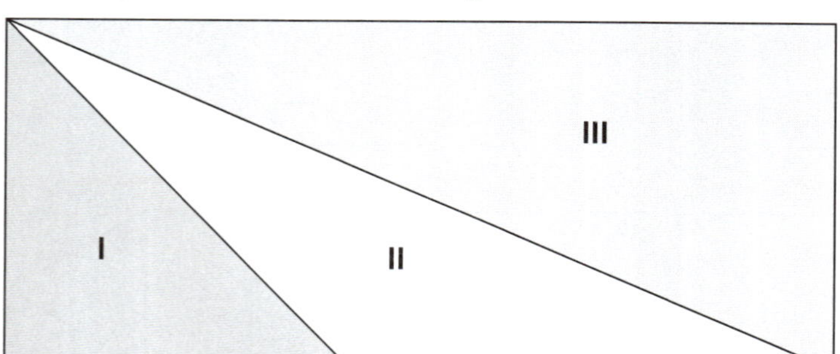

229)

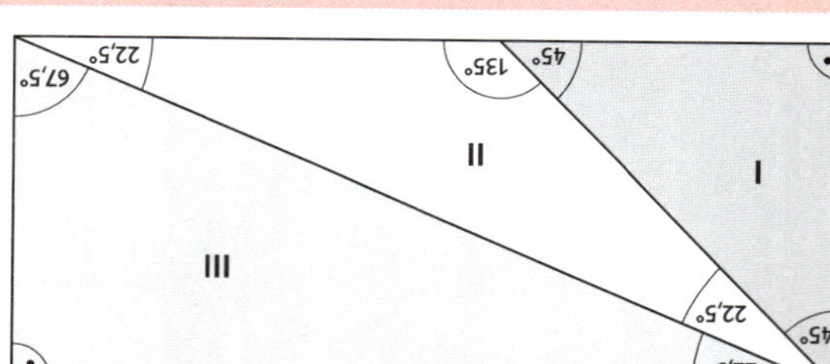

228 a) $\alpha = 28°$, $\beta = 56°$, $\gamma = 84°$, $\delta = 192°$; **b)** $\beta = 77°$, $\alpha = 90°$, $\gamma = 64°$, $\delta = 129°$; **c)** $\alpha = \gamma = 44°$, $\beta = \delta = 136°$

230 ●○○ Spitzwinklige, stumpfwinklige, rechtwinklige Dreiecke

So gut war ich.

Benenne das jeweilige Dreieck nach Art seiner Winkel. Gib die fehlenden Winkel an.

a) $\alpha = 112°$, $\beta = 22°$ ______

b) $\alpha + \beta = 77°$ ______

c) $\alpha - 45° = 45°$ ______

d) $\alpha = \beta = 88°$ ______

e) $\alpha = 42°$, $\beta = 48°$ ______

f) $\beta = 2\alpha$, $\alpha + \beta = 96°$ ______

231 ●○○ Wie groß sind die Winkel?

So gut war ich.

Berechne die Größen der Innenwinkel der Dreiecke.

a) Der Winkel mittlerer Größe ist ein Drittel so groß wie der größte. Zusammen sind sie 160° groß.

______

b) Der kleinste ist ein Viertel so groß wie der zweitgrößte, der eine Größe von 44° hat.

______

c) Zwei Winkel sind gleich groß und zusammen halb so groß wie der dritte.

______

d) Zwei Winkel sind je um 1° kleiner als ein rechter Winkel.

______

e) Ein Winkel ist 140° groß. Den Rest teilen sind die beiden anderen Winkel.

______

f) Ein Winkel ist vier Mal so groß wie der andere. Zusammen ergeben sie 100°.

______

230) a) $\gamma = 46°$, stumpfwinklig; **b)** $\gamma = 103°$, stumpfwinklig; **c)** $\alpha = 90°$, rechtwinklig; **d)** $\gamma = 4°$, spitzwinklig; **e)** $\gamma = 90°$, rechtwinklig; **f)** $\alpha = 32°$, $\beta = 64°$, $\gamma = 84°$, spitzwinklig

231) a) $\alpha = 120°$, $\beta = 40°$, $\gamma = 20°$; **b)** $\alpha = 44°$, $\beta = 11°$, $\gamma = 125°$; **c)** $\alpha = 30°$, $\beta = 30°$, $\gamma = 120°$; **d)** $\alpha = 89°$, $\beta = 89°$, $\gamma = 2°$; **e)** $\alpha = 140°$, $\beta = 20°$, $\gamma = 20°$; **f)** $\alpha = 20°$, $\beta = 80°$, $\gamma = 80°$

232 ●●○ Findest du alle Winkelgrößen?

So gut war ich. ☺ 😐 ☹

Berechne alle fehlenden Winkelgrößen und trage sei ein. Beachte $\overline{AB} = \overline{AC}$ und $\overline{DE} = \overline{CE}$.

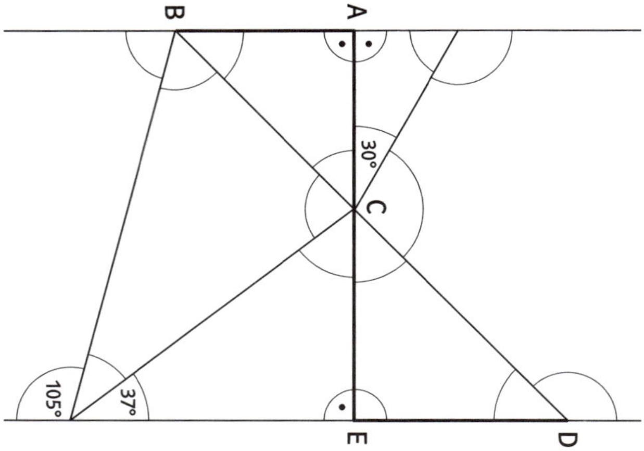

233 ●●○ Kannst du noch einmal suchen?

So gut war ich. ☺ 😐 ☹

Berechne alle fehlenden Winkelgrößen und trage sie ein.

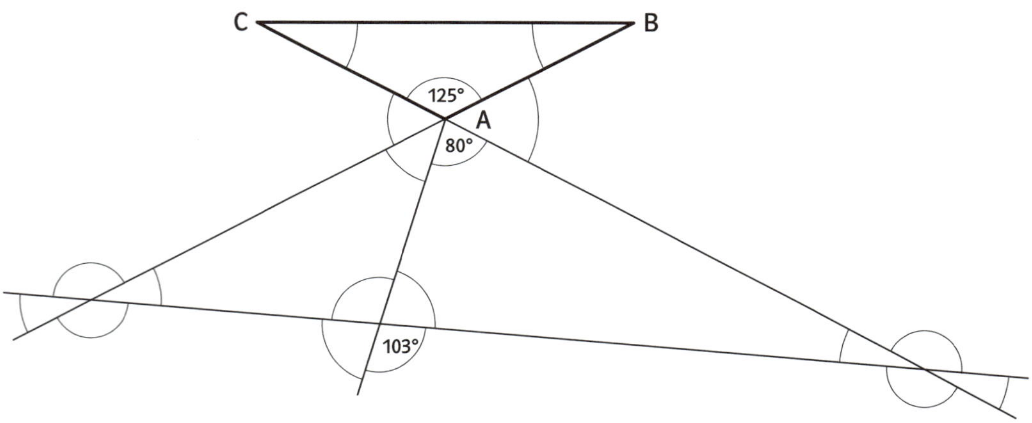

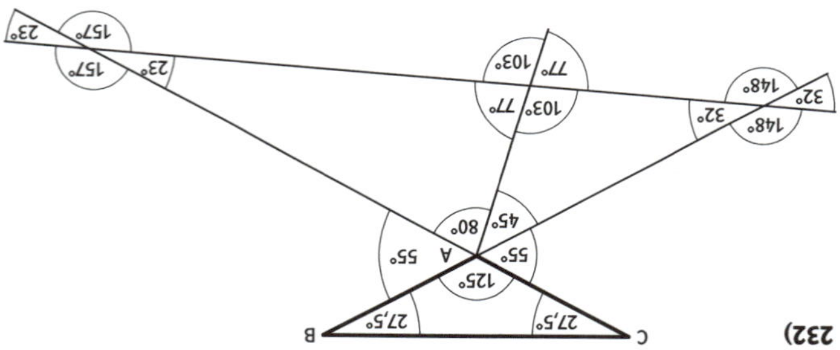

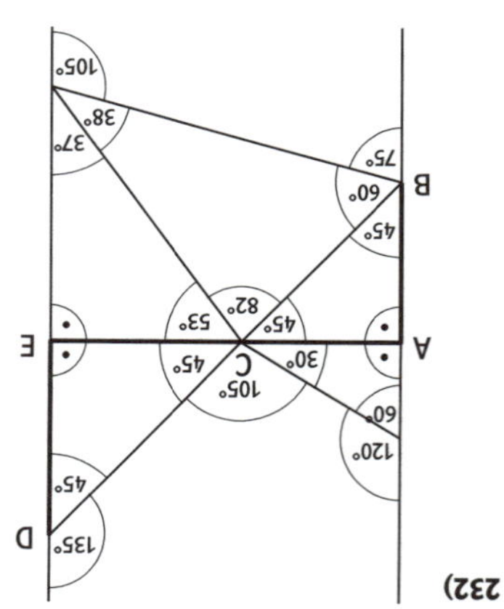

234 ●○○ Winkelsumme im Siebeneck

So gut war ich.

Zeige durch Unterteilung des Siebenecks in Dreiecke, dass die Winkelsumme 900° beträgt.

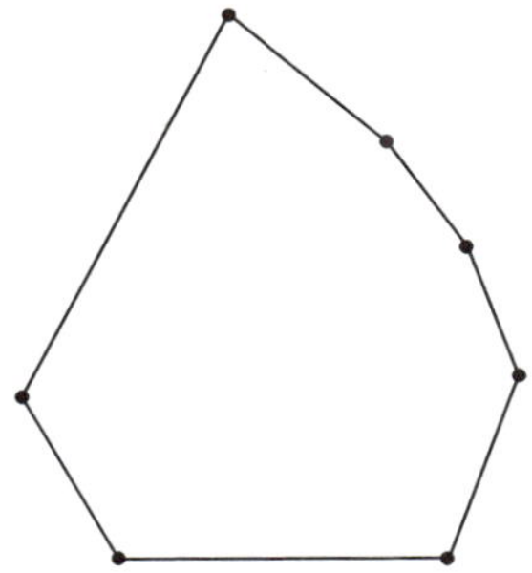

235 ●●○ Alle Winkelkombinationen im Viereck

So gut war ich.

Liste auf, welche Winkelkombinationen in einem Viereck vorkommen können.
Gemeint sind keine konkreten Winkelgrößenangaben, sondern Begriffe wie spitze Winkel, rechte Winkel, stumpfe Winkel und überstumpfe Winkel.
Veranschauliche jede Kombination durch eine Skizze.

234)

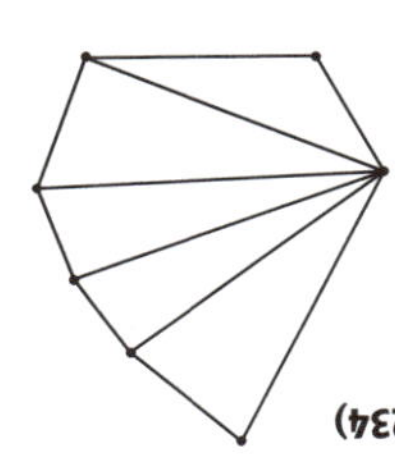

$5 \cdot 180° = 900°$

235) vier rechte Winkel

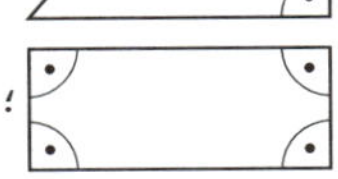

;

zwei rechte Winkel, ein spitzer und ein stumpfer

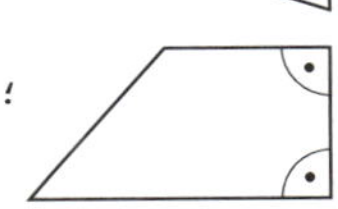

;

ein rechter Winkel, zwei spitze und ein stumpfer

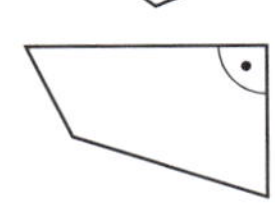

;

ein rechter Winkel, zwei stumpfe und ein spitzer

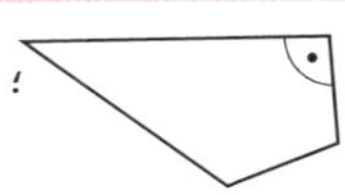

;

drei spitze Winkel und ein stumpfer

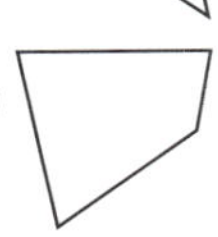

;

drei spitze Winkel und ein überstumpfer

;

zwei spitze Winkel und zwei stumpfe

.

236 ●○○ Linien im Dreieck

So gut war ich.

Setze die passenden Begriffe ein.

a) In welcher Art von Dreieck fallen alle Höhen, Winkelhalbierenden, Mittelsenkrechten und Seitenhalbierenden zusammen?

____

b) In welcher Art von Dreieck sind die Basiswinkel gleich groß?

____

Welche Linie ist in diesem Dreieck die Symmetrieachse?

____

c) Wie groß sind die Basiswinkel in einem rechtwinklig-gleichschenkligen Dreieck?

____

(1 Begriff)

Die Höhe auf der Basis ist in diesen Dreiecken auch gleichzeitig …

____

(2 Begriffe)

d) In einem rechtwinkligen Dreieck sind zwei Höhen gleich …

____

237 ●●○ Kreise rund ums Dreieck

So gut war ich.

Setze die passenden Begriffe ein.

a) Der Inkreismittelpunkt ist der Schnittpunkt der ______________ des Dreiecks.

b) Der Umkreismittelpunkt ist der Schnittpunkt der ______________ des Dreiecks.

In welchem Dreieck fallen die Mittelpunkte von Inkreis und Umkreis zusammen?

____

c) Vervollständige die Aussage des Satzes von Thales: Liegt ein Punkt C auf dem Thaleskreis über AB, so hat das Dreieck ABC ______________________________ .

236) a) gleichseitiges Dreieck; **b)** gleichschenkliges Dreieck; Höhe auf Basis; **c)** 45°; Winkelhalbierende des rechten Winkels; Seitenhalbierende der Basis; Mittelsenkrechte auf die Basis; **d)** den Schenkeln des rechten Winkels

237) a) Winkelhalbierenden; **b)** Mittelsenkrechten; im gleichseitigen Dreieck; **c)** den Winkel $\gamma = 90°$

238 ●○○ Mit oder ohne Kongruenzsatz?

So gut war ich.

a) Konstruiere auf einem Extra-Blatt ein Dreieck aus $a = 5\,cm$, $\gamma = 60°$, $h = 3\,cm$.

b) Gibt es für diese Konstruktion passende Kongruenzsätze?
Gib die Kongruenzsätze in ihrer Kurzform an.

239 ●●○ Was läuft hier falsch?

So gut war ich.

a) Konstruiere ein Dreieck aus $c = 9{,}5\,cm$, $a = 2{,}7\,cm$, $b = 6{,}3\,cm$.

b) Die Angaben entsprechen dem Kongruenzsatz sss. Wieso ist die Konstruktion trotzdem nicht durchführbar? Welche Bedingung muss erfüllt sein?

238 a)

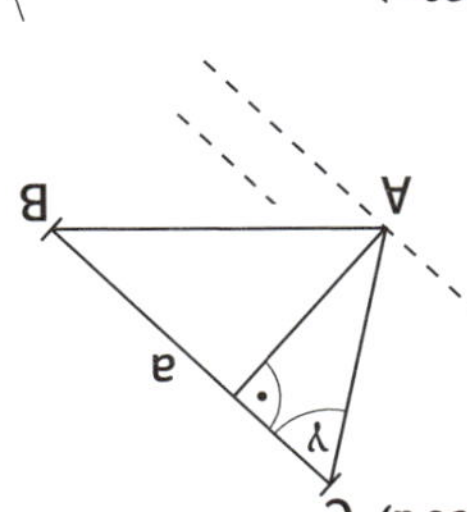

b) Die Kongruenzsätze lauten: sss, sws, wsw, SsW. Für die vorliegende Konstruktion ist zum Winkel nur eine Dreiecksseite gegeben. Die andere Linie h ist die Höhe auf die Seite a, selber aber keine Dreiecksseite.

239 a)

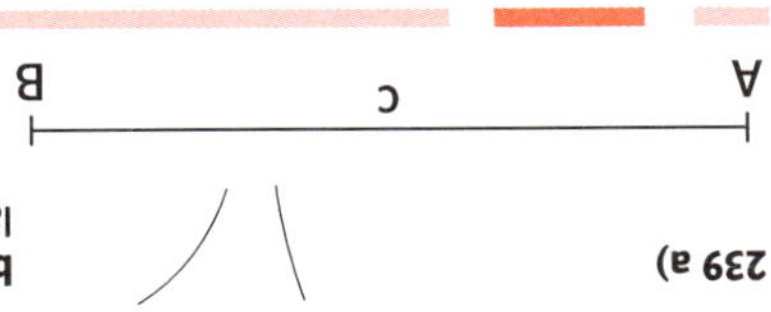

b) Die Konstruktion mit sss ist nur dann durchführbar, wenn keine Seite länger ist als die beiden anderen zusammen.

240 ●○○ Hilfreiche Kongruenzsätze

So gut war ich.

a) Gib die Kongruenzsätze an, nach denen die folgenden Dreiecke konstruiert sind.

I

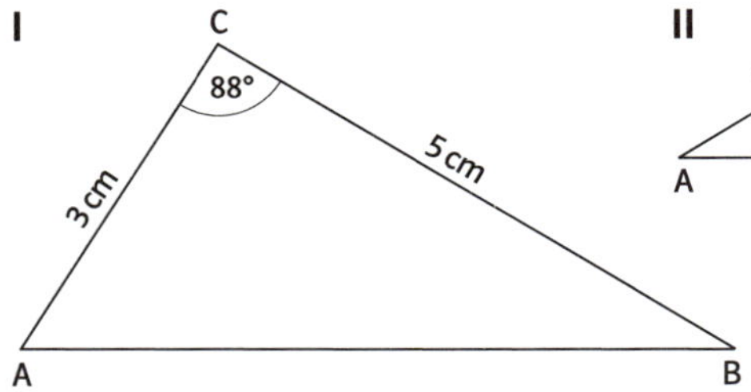

II

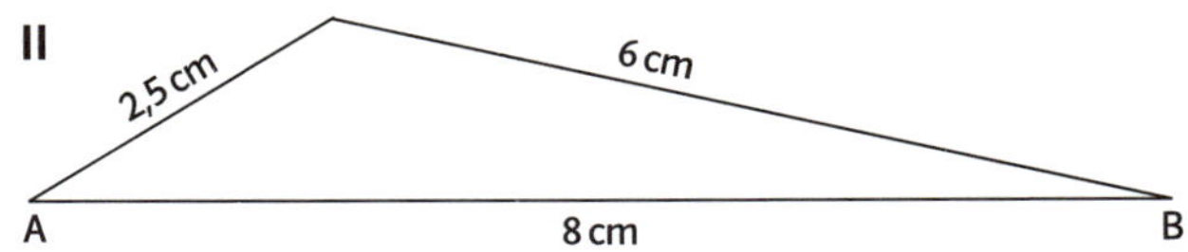

III

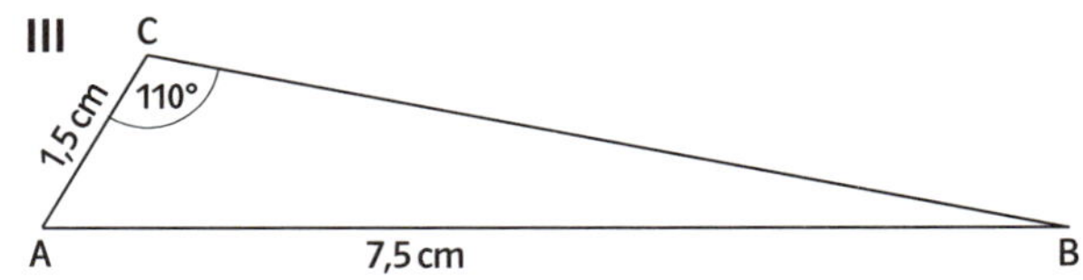

b) Konstruiere eine Dreieck aus $\alpha = 35°$, $\beta = 55°$, $c = 4\,\text{cm}$.

Der zugehörige Kongruenzsatz heißt: ____________

241 ●●○ Beschreibe, was du tust

So gut war ich.

Konstruiere ein Dreieck aus $b = 2\,\text{cm}$, $c = 3{,}5\,\text{cm}$, $\gamma = 60°$. Beschreibe anschließend die Konstruktion.

240) a) I) sws; II) sss; III) sSw; **b)**

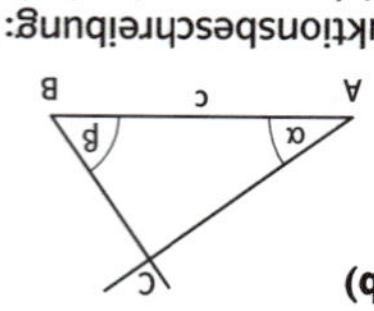

Der zugehörige Kongruenzsatz heißt wsw.

241)

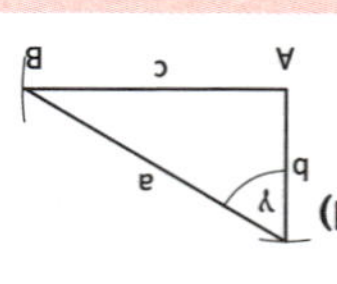

Konstruktionsbeschreibung: Zeichne $b = \overline{AC} = 2\,\text{cm}$. Trage in C an b den Winkel $\gamma = 60°$ an. Der Kreisbogen um A mit dem Radius $c = 3{,}5\,\text{cm}$ schneidet den freien Schenkel von γ in B.

242 ●○○ **Dreieckskonstruktion mit Höhe**

So gut war ich. ☺ 😐 ☹

Konstruiere ein Dreieck aus $c = 4{,}8\,cm$, $h_c = 3{,}8\,cm$ und $\alpha = 64°$.

243 ●●○ **Dreieckskonstruktion**

So gut war ich. ☺ 😐 ☹

Konstruiere ein Dreieck aus $a = 4{,}6\,cm$, $\gamma = 40°$ und $\delta = 61°$, wobei δ der Winkel in M_a an a ist. $\overline{M_aA}$ ist die Seitenhalbierende von a.

242)

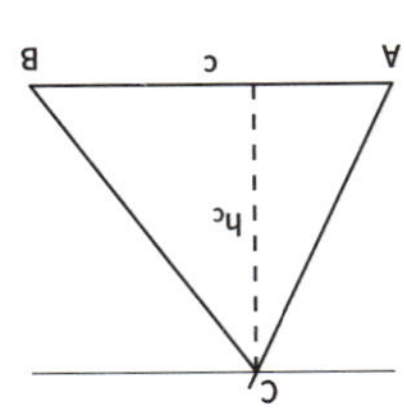

243)

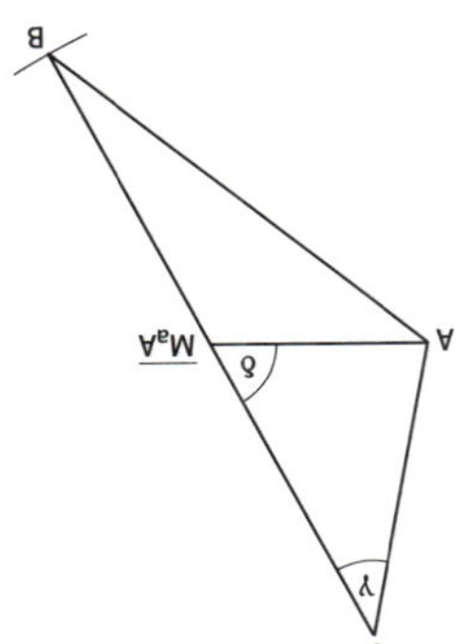

244 ●●○ Erste Konstruktion nach Anweisung

So gut war ich. ☺ 😐 ☹

Konstruiere das Dreieck anhand dieser Konstruktionsbeschreibung.

Ich zeichne $\overline{AC} = b = 4{,}9\,\text{cm}$. In C an a trage ich den Winkel $\gamma = 50°$ an und konstruiere die Winkelhalbierende w_γ von γ. Auf w_γ wähle ich einen Punkt P und fälle von P aus das Lot auf b und den freien Schenkel von γ. Die Lotfußpunkte benenne ich mit P_b und P_a. Ich zeichne den Inkreis mit dem Radius $\overline{PP_b} = \overline{PP_a}$. Der Inkreis schneidet w_γ in P_c. Ich verbinde A und P_c. Die Verlängerung dieser Strecke schneidet den freien Schenkel von γ in B.

245 ●●○ Zweite Konstruktion nach Anweisung

So gut war ich. ☺ 😐 ☹

Konstruiere das Dreieck anhand dieser Konstruktionsbeschreibung.

Ich zeichne $c = \overline{AB} = 4\,\text{cm}$ und konstruiere die Mittelsenkrechte von c. Der Kreisbogen um B mit dem Radius $r = a = 5\,\text{cm}$ schneidet die Mittelsenkrechte von c in C. Ich konstruiere zu $a = \overline{BC}$ die Mittelsenkrechte. Ich verbinde A und C und konstruiere die Mittelsenkrechte von b. Die drei Mittelsenkrechten schneiden sich in M_u. Ich zeichne den Umkreis des Dreiecks ABC.

244)

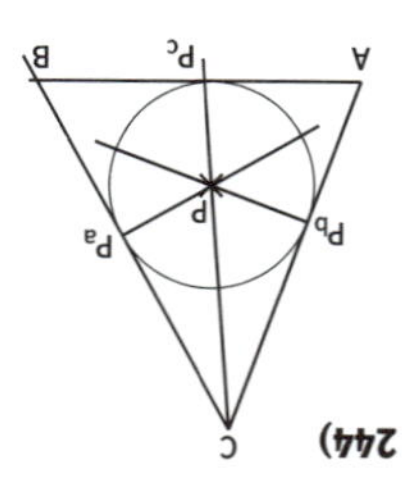

245)

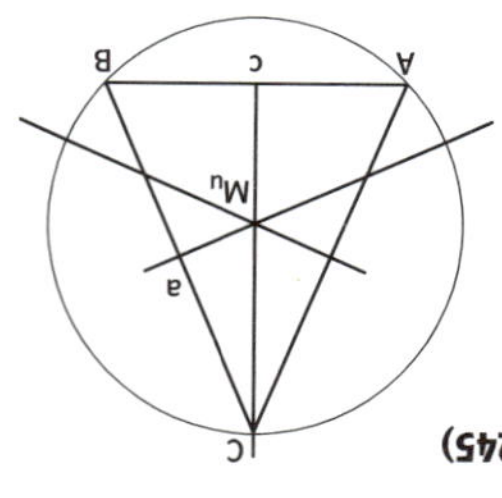

246 ●●○ Dritte Konstruktion nach Anweisung

So gut war ich. ☺ 😐 ☹

Konstruiere die Dreiecke anhand dieser Konstruktionsbeschreibung.

Ich zeichne auf einem Extra-Blatt die Strecke $\overline{AB}$ mit $c = 4{,}8\,\text{cm}$. Zu c zeichne ich beide Parallelen im Abstand von 3,8 cm. Der Kreisbogen um A mit $r = b = 4{,}4\,\text{cm}$ schneidet die Parallelen zu c In C_1, C_2, C_3, C_4. Verbinde A und B mit $C_1 - C_4$.
Welche Dreiecke sind zueinander kongruent?

247 ●●○ Vierte Konstruktion nach Anweisung

So gut war ich. ☺ 😐 ☹

Konstruiere anhand dieser Konstruktionsbeschreibung.

Ich zeichne die Strecke $\overline{BC} = a = 4{,}6\,\text{cm}$ und konstruiere deren Mittelpunkt M_a. In C an a trage ich den Winkel $\gamma = 40°$ an. Der Kreisbogen um M_a mit dem Radius $r = 1{,}5\,\text{cm}$ schneidet den freien Schenkel von γ in A und A'. Verbinde beide Punkte mit B.

246)

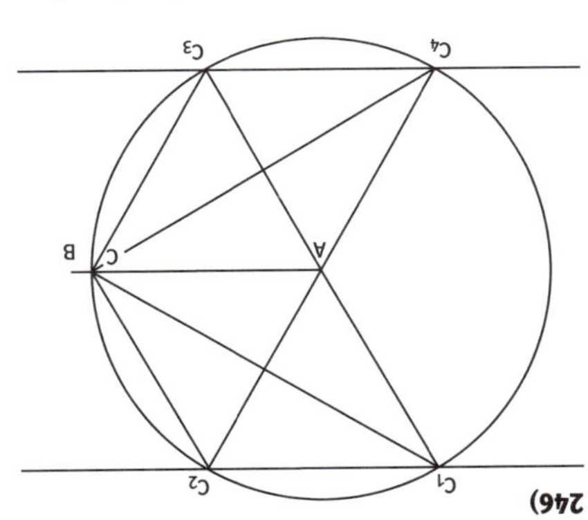

Die Dreiecke ABC_1 und ABC_4 sind zueinander kongruent, ebenso die Dreiecke ABC_2 und ABC_3.

247)

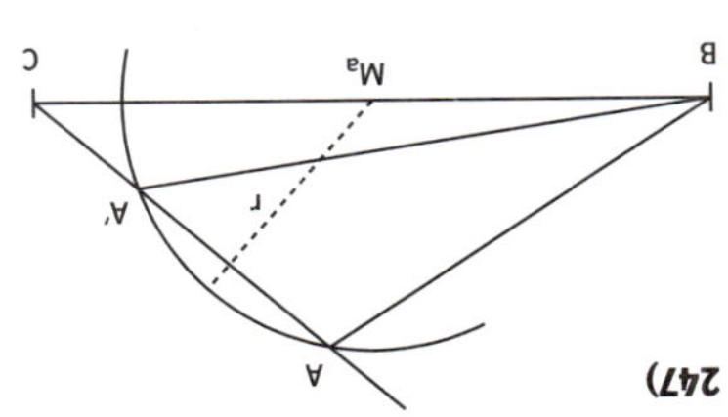

248 ●●○ Wozu dient der Thaleskreis?

So gut war ich.

Konstruiere das Dreieck ABC mit $c = 6{,}2\,\text{cm}$, $a = 4{,}1\,\text{cm}$ und $\gamma = 90°$ mithilfe des Satzes von Thales.

249 ●●○ Noch einmal der Thaleskreis

So gut war ich.

Wie viele rechtwinklige Dreiecke entstehen?

Zeichne $\overline{AB} = c = 7\,\text{cm}$. Errichte über $\overline{AB}$ den Thaleskreis. Die Höhe auf $\overline{AB}$ habe die Länge $h = 3\,\text{cm}$.

248)

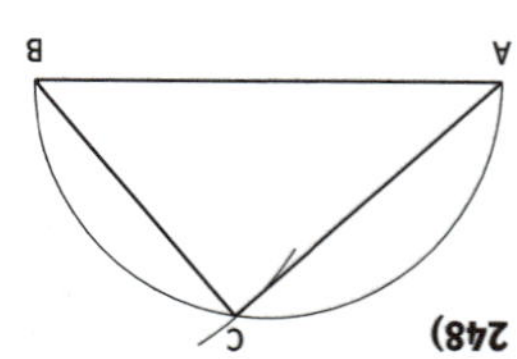

249) Es entstehen zwei Dreiecke.

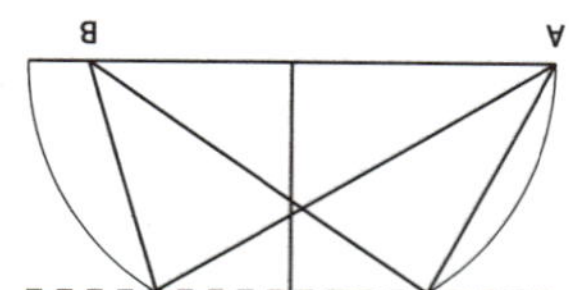

250 ●○○ Wo liegt der Inkreis?

So gut war ich. ☺ 😐 ☹

Konstruiere ein Dreieck aus $a = 4\,cm$, $b = 5\,cm$, $c = 3\,cm$. Konstruiere anschließend den Inkreis.

251 ●●○ Dreieckskonstruktion und Inkreis

So gut war ich. ☺ 😐 ☹

Konstruiere ein Dreieck aus $c = 3{,}8\,cm$, $\beta = 52°$ und $w_\beta = 2{,}4\,cm$.
Beschreibe die Konstruktion.

250)

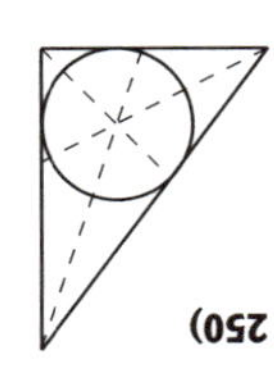

251)

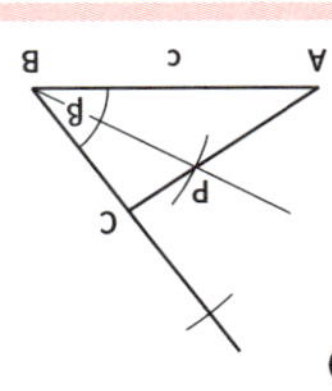

Ich zeichne die Strecke $\overline{AB} = c = 3{,}8\,cm$. In B an c trage ich den Winkel $\beta = 52°$ an. Zu β konstruiere ich die Winkelhalbierende. Der Kreisbogen um B mit den Radius $w_\beta = 2{,}4\,cm$ schneidet die Winkelhalbierende in P. Die Verlängerung von $\overline{AP}$ schneidet den freien Schenkel von β in C.

252 ●○○ Umkreis – was ist das?

So gut war ich. ☺ 😐 ☹

Konstruiere ein Dreieck aus a = 4 cm, b = 5 cm, c = 3 cm.
Konstruiere anschließend den Umkreis.

253 ●●○ Konstruiere mittels Umkreis

So gut war ich. ☺ 😐 ☹

Konstruiere ein Dreieck aus a = 3,5 cm, c = 4 cm und r = 2,5 cm (Umkreisradius).
Beschreibe die Konstruktion.

252)

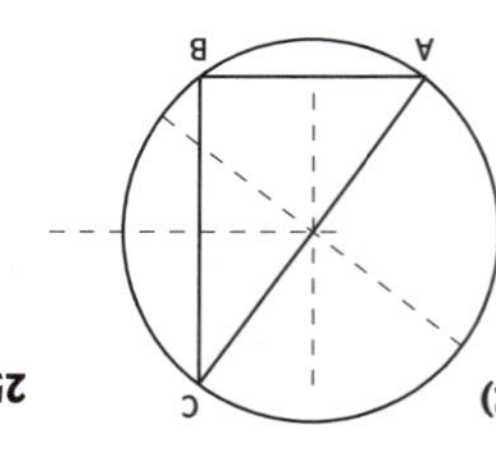

253)

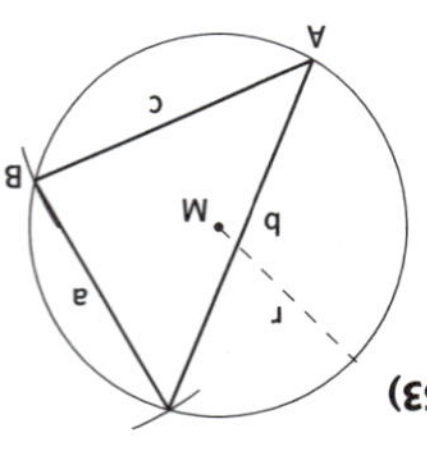

Ich zeichne den Umkreisradius mit r = 2,5 cm.
Auf dem Kreisbogen wähle ich einen Punkt A.
Der Kreisbogen um A mit dem Radius c = 4 cm schneidet den Umkreiskreisbogen in B. Der Kreisbogen um B mit dem Radius a = 3,5 cm schneidet den Umkreiskreisbogen in C.

254 ●●○ Wo liegen die gesuchten Koordinaten?

So gut war ich. ☺ 😐 ☹

Zeichne ein Dreieck mit A (0 | 0), B (4 | 0), C (2 | 4,47) in ein Koordinatensystem. Zeichne den Inkreis, den Umkreis und den Schwerpunkt des Dreiecks und gib die Koordinaten von M_i, M_u und S an.

255 ●●○ Vier Winkel unbekannt

So gut war ich. ☺ 😐 ☹

Gib die Größen von $\alpha_1 - \alpha_3$ und von β an. Schreibe deine Berechnung ausführlich auf.

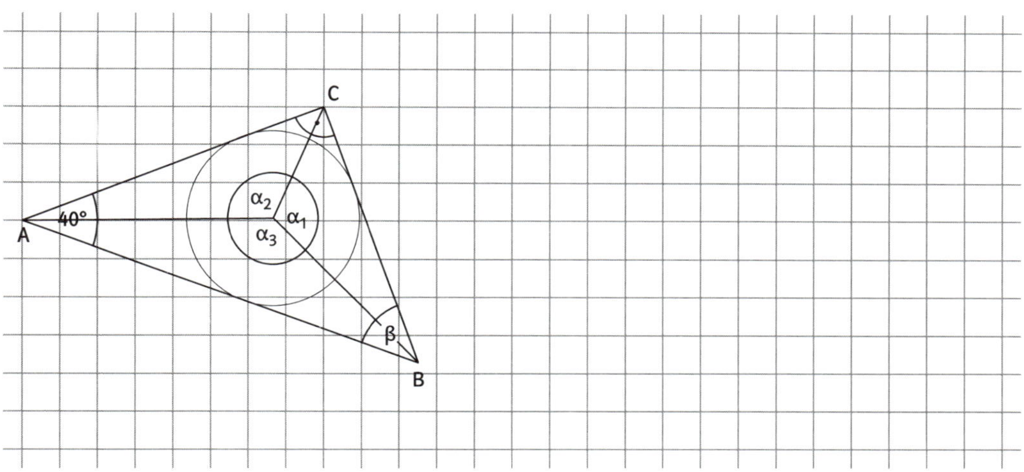

254) 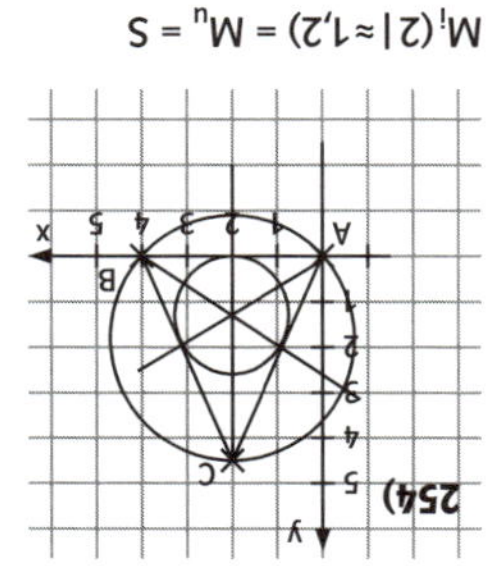

$M_i(2 \mid \approx 1{,}2) = M_u = S$

255) $\beta = 180° - 90° - 40° = 50°$; $\alpha_1 = 180° - (0{,}5 \cdot 90° + 0{,}5 \cdot 50°)$. Die Schenkel des Winkels sind Winkelhalbierende der Winkel $\gamma = 90°$ und $\beta = 50°$, da sie sich im Inkreismittelpunkt treffen. $\alpha_2 = 180° - (0{,}5 \cdot 90° + 0{,}5 \cdot 40°)$; $\alpha_3 = 360° - 110° - 115° = 135°$; Bei $\alpha_1 - \alpha_3$ handelt es sich um Mittelpunktswinkel eines Kreises. Diese ergeben zusammen 360°.

256 ●●○ Ein bisschen schwieriger

So gut war ich. ☺ 😐 ☹

Konstruiere das Dreieck und beschreibe die Konstruktion.

$c = 3{,}2\,\text{cm}, \ \alpha = 72°, \ \gamma = 65°$

257 ●●○ Jetzt kannst du diese Konstruktionen schon

So gut war ich. ☺ 😐 ☹

Konstruiere die Dreiecke.

a) $b = 2{,}9\,\text{cm}, \ \gamma = 68°, \ \beta = 43°$

b) $a = 4\,\text{cm}, \ \beta = 39°, \ \alpha = 56°$

256) 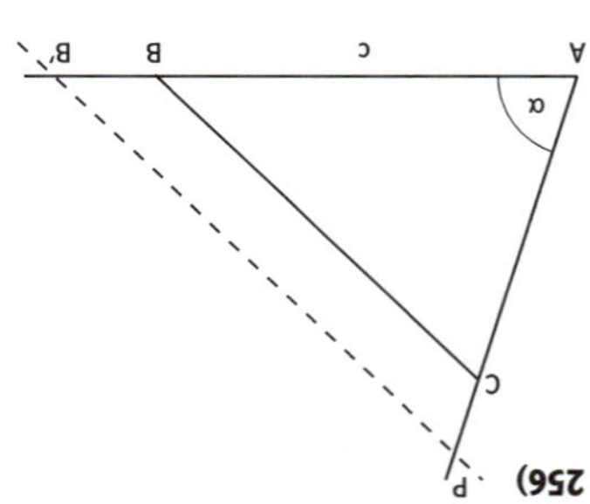

Konstruktionsbeschreibung: Ich zeichne $c = \overline{AB} = 3{,}2\,\text{cm}$. In A an c trage ich $\alpha = 72°$ an. Auf dem freien Schenkel von α wähle ich einen Punkt P. In P an $\overline{AP}$ trage ich $\gamma = 65°$ an. Der freie Schenkel von γ schneidet die Verlängerung von $\overline{AB}$ in B'. Ich zeichne die Parallele zu $\overline{PB}$ durch B. Diese schneidet die Strecke $\overline{AP}$ in C.

257) a) 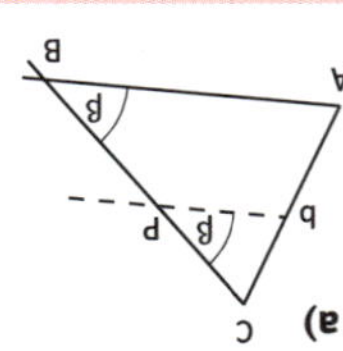

b) 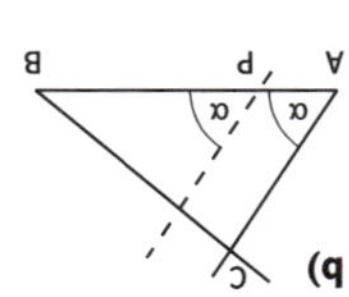

258 ●○○ Kongruente Dreiecke

So gut war ich. ☺ 😐 ☹

Welche der folgenden Dreiecke sind zueinander kongruent? Begründe.

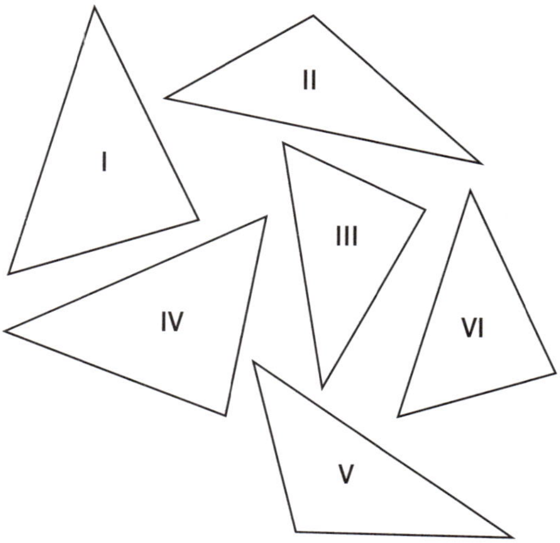

259 ●●○ Ähnlich oder kongruent?

So gut war ich. ☺ 😐 ☹

a) Spiegele auf einem karierten Blatt das Dreieck ABC mit A(1|1), B(4|0), C(6|2) an der Geraden g = (CD) mit D(1|3). Strecke anschließend das gespiegelte Dreieck an Z(9|4) mit k = 0,5.

b) Das gespiegelte Dreieck ist zum Ausgangsdreieck ______________________.

c) Das gestreckte Dreieck ist dem Spiegelungsdreieck ______________________.

258) I = IV nach sws; II = V nach wsw; III = VI nach sss

259) a)

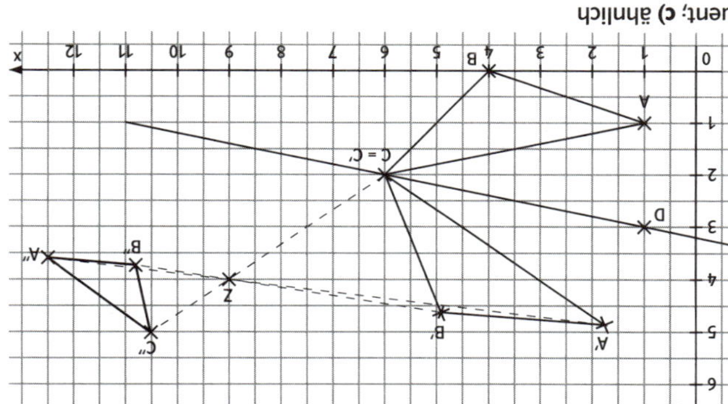

b) kongruent; **c)** ähnlich

260 ●●○ Seitenlängen von Dreiecken

So gut war ich. ☺ 😐 ☹

Tipp: Fertige jeweils eine Zeichnung an, um die Aussagen zu stützen.

a) $\alpha = 110°$, $\beta = 30°$. **Welche Seite ist die längste in diesem Dreieck?**

b) Ordne die Seitenlängen des Dreiecks mit $\gamma = 90°$, $\alpha = \beta$ **und** $c = 2\,cm$ **der Größe nach.**

c) Treffe eine Aussage über die Seitenlängen eines Dreiecks mit $\alpha = \beta = \gamma$.

d) $\alpha = 85°$, $\beta = 5°$, $\gamma = 90°$. **Welche Seite ist die kürzeste?**

261 ●●○ Vier besondere Dreiecke

So gut war ich. ☺ 😐 ☹

Die Fläche ist aus besonderen Dreiecken zusammengesetzt. Die Streckenlängen und Winkelweiten kannst du aus der Zeichnung ablesen. Benenne sie und berechne deren Flächeninhalte, soweit möglich.

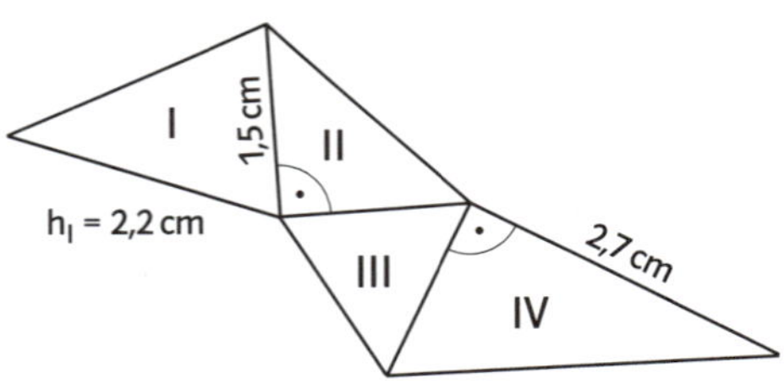

260) a) Die längste Seite ist a. **b)** c ist die längste Seite und a und b sind gleich lang. **c)** Das Dreieck ist gleichseitig. **d)** Die Seite b ist die kürzeste.

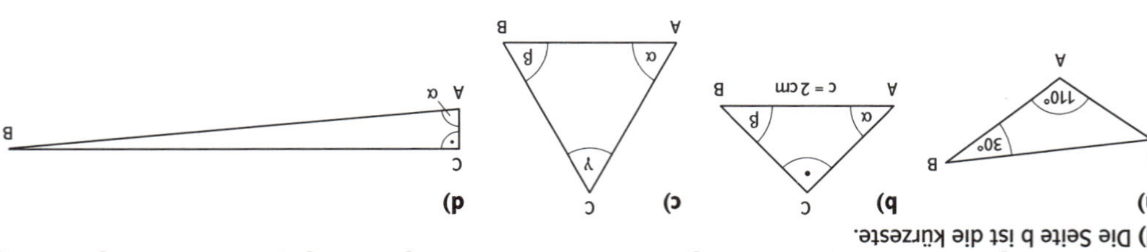

261)

$A_I = \frac{1,5\,cm \cdot 2,2\,cm}{2} = 1,65\,cm^2$; das Dreieck ist gleichschenklig.

$A_{II} = \frac{1,5\,cm \cdot 1,5\,cm}{2} = 1,125\,cm^2$; das Dreieck ist rechtwinklig-gleichschenklig.

A_{III} nicht berechenbar, da die Höhenangabe fehlt; das Dreieck ist gleichseitig.

$A_{IV} = \frac{1,5\,cm \cdot 2,7\,cm}{2} = 2,025\,cm^2$; das Dreieck ist rechtwinklig.

262 ●○○ Berechne die Flächeninhalte

So gut war ich. ☺ 😐 ☹

Berechne die Flächeninhalte folgender Dreiecke.

a) $c = 6\,cm$, $h_c = 4{,}11\,cm$ ______

b) $b = 1{,}8\,dm$, $h_b = 2{,}2\,dm$ ______

c) $a = 33\,mm$, $b = 56\,mm$ mit $a \perp b$ ______

263 ●●○ Noch mehr Dreiecke

So gut war ich. ☺ 😐 ☹

Berechne den Flächeninhalt der Gesamtfigur. Die Grundseiten aller Dreiecke sind 2 cm lang.

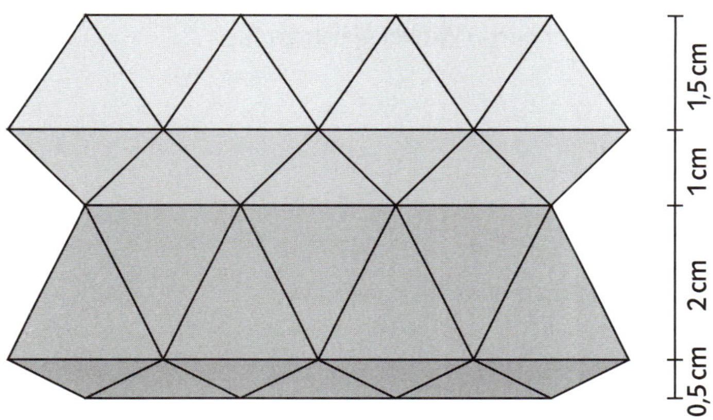

262) a) $A = 12{,}33\,cm^2$; **b)** $A = 1{,}98\,dm^2$; **c)** $A = 924\,mm^2$

263) $A_I = 7 \cdot \frac{2\,cm \cdot 1{,}5\,cm}{2} = 10{,}5\,cm^2$; $A_{II} = 7 \cdot \frac{2\,cm \cdot 1\,cm}{2} = 7\,cm^2$; $A_{III} = 7 \cdot \frac{2\,cm \cdot 2\,cm}{2} = 14\,cm^2$; $A_{IV} = 7 \cdot \frac{2\,cm \cdot 0{,}5\,cm}{2} = 3{,}5\,cm^2$;

$A = A_I + A_{II} + A_{III} + A_{IV} = 35\,cm^2$

264 ●○○ Verschiedene Vierecke

So gut war ich. ☺ 😐 ☹

Benenne das Viereck, das die jeweils beschriebenen Merkmale hat.

a) Es hat eine Symmetrieachse und zwei Diagonalen, die zueinander senkrecht stehen, wobei die erste Diagonale die zweite Diagonale halbiert und die zweite Diagonale die erste Diagonale im Verhältnis 1:2 teilt.

Es ist ______________ .

b) Es hat zwei Symmetrieachsen und vier gleich lange Seiten.

Es ist ______________ es ist kein ______________ .

c) Nur zwei seiner Seiten sind parallel zueinander und es hat keine Symmetrieachse.

Es ist ______________ .

d) Seine zwei parallelen Seiten sind ungleich lang. Dafür sind seine beiden anderen Seiten gleich lang. Außerdem sind je zwei (benachbarte) Winkel gleich groß.

Es ist ______________ .

265 ●●○ Wie wird das Viereck konstruiert?

So gut war ich. ☺ 😐 ☹

a) Zeichne eine Raute mit e = f = 2,5 cm. Beschreibe die Konstruktion.

b) Welche Figur entsteht? ______________

264) **a)** ein Drachenviereck; **b)** eine Raute – kein Quadrat; **c)** ein Trapez; **d)** ein symmetrisches Trapez

265) a)

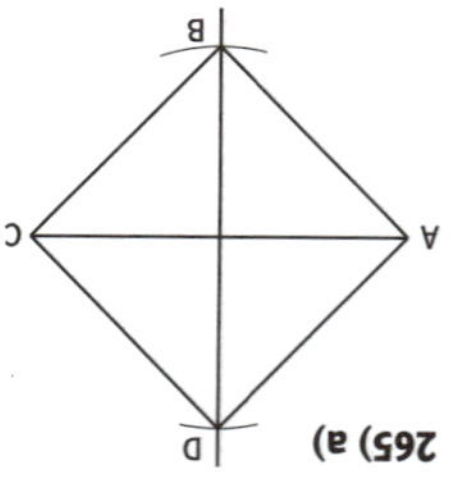

Konstruktionsbeschreibung: Ich zeichne $e = \overline{AC} = 2{,}5\,\text{cm}$ und den Mittelpunkt P dieser Strecke. In P errichte ich die Senkrechte. Der Kreisbogen um P mit dem Radius $\frac{1}{2} \cdot f = 1{,}25\,\text{cm}$ schneidet die Senkrechte in C und D. Ich verbinde anschließend die Punkte A, B, C, D miteinander.

b) Es entsteht ein Quadrat.

266 ●●○ Welches ist das größte?

So gut war ich. ☺ 😐 ☹

Ordne die Flächeninhalte der Größe nach.

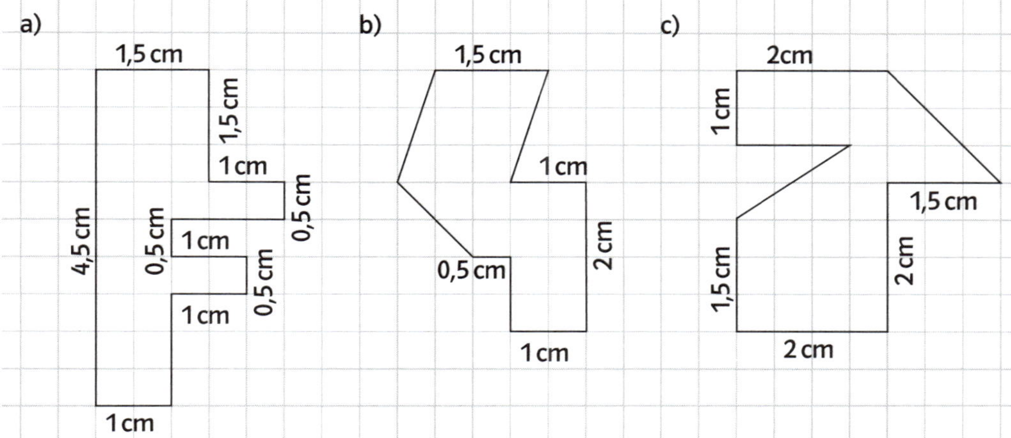

267 ●●○ Alle gleich groß?

So gut war ich. ☺ 😐 ☹

Zeige, dass die Vierecke A_I, A_{II}, A_{III} alle denselben Flächeninhalt haben.

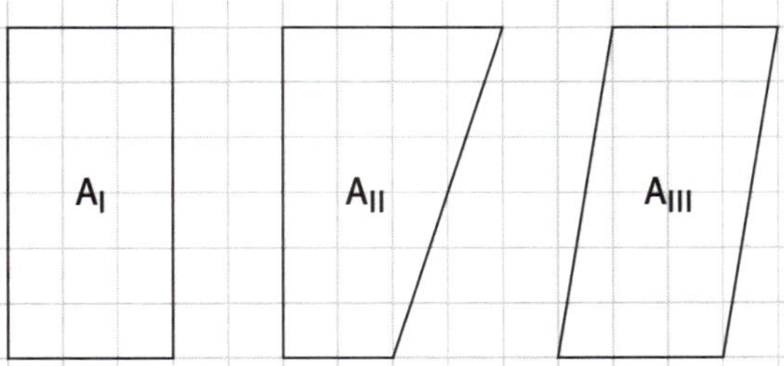

266) $A_I = 6{,}5\,cm^2$; $A_{II} = 5{,}25\,cm^2$; $A_{III} = 7{,}375\,cm^2$; $A_{II} < A_I < A_{III}$

267) $A_I = 1{,}5\,cm \cdot 2{,}5\,cm = 3{,}75\,cm^2$; $A_{II} = \frac{1\,cm + 2\,cm}{2} \cdot 2{,}5\,cm = 3{,}75\,cm^2$; $A_{III} = 1{,}5\,cm \cdot 2{,}5\,cm = 3{,}75\,cm^2$

268 ●○○ Parallelogramm leicht gemacht

So gut war ich. ☺ 😐 ☹

Konstruiere ein Parallelogramm aus $a = 4\,cm$, $b = 6\,cm$ und $e = 5\,cm$.

269 ●●○ Fast alles Parallelogramme

So gut war ich. ☺ 😐 ☹

Die Fläche setzt sich aus Parallelogrammen und einem Dreieck zusammen. Berechne den Gesamtflächeninhalt.

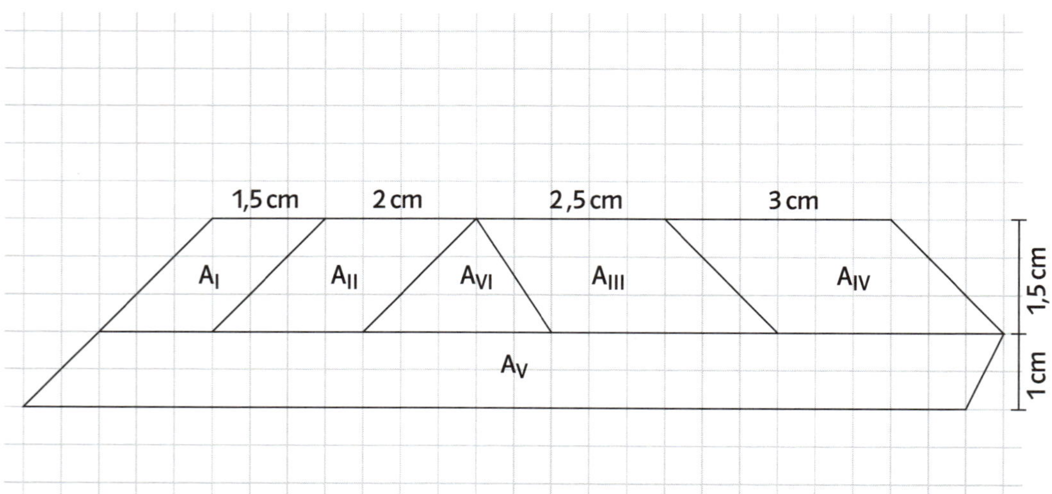

268)

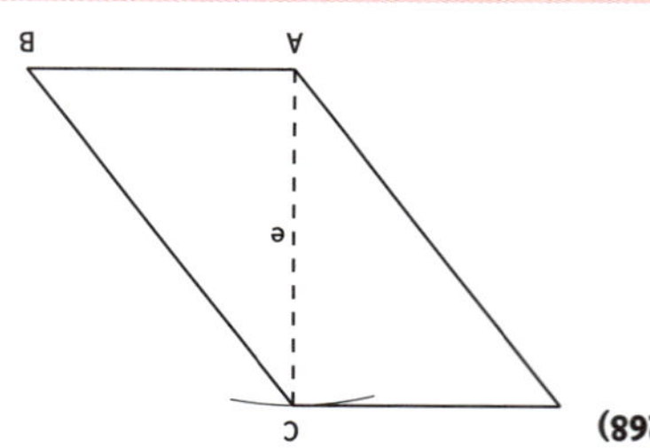

269) $A_I = 1{,}5\,cm \cdot 1{,}5\,cm = 2{,}25\,cm^2$;
$A_{II} = 2\,cm \cdot 1{,}5\,cm = 3\,cm^2$;
$A_{III} = 3\,cm \cdot 1{,}5\,cm = 4{,}5\,cm^2$;
$A_{IV} = 3\,cm \cdot 1{,}5\,cm = 4{,}5\,cm^2$;
$A_V = 12\,cm \cdot 1\,cm = 12\,cm^2$;
$A_{VI} = \frac{2{,}5\,cm \cdot 1{,}5\,cm}{2} = 1{,}875\,cm^2$;
$A_{Gesamt} = 28{,}125\,cm^2$

270 ●○○ Alle gleich groß!?

So gut war ich. ☺ 😐 ☹

a) Weise durch Berechnung auf einem Extra-Blatt nach, dass alle abgebildeten Vierecke denselben Flächeninhalt haben.

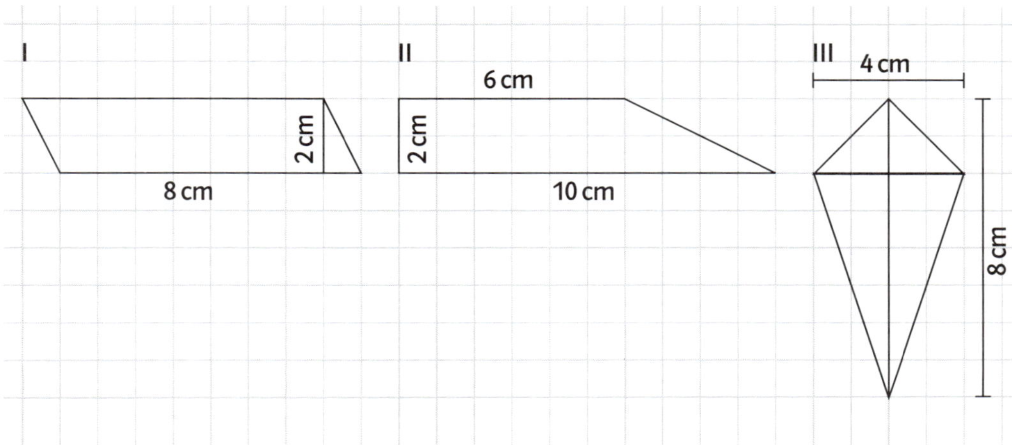

b) Gib die Seitenlänge eines Quadrates mit demselben Flächeninhalt an.

____

271 ●●○ Eindeutige Lösung?

So gut war ich. ☺ 😐 ☹

a) Konstruiere auf einem Extra-Blatt ein Viereck aus $\alpha = 41°$, $a = 5{,}5\,cm$, $b = 2\,cm$, $d = 3{,}5\,m$, $e = 6\,cm$.

b) Zeige mittels der Kongruenzsätze für Dreiecke, dass die Konstruktion eindeutig ist.

____

____

270) a) I: $A = 8\,cm \cdot 2\,cm = 16\,cm^2$

II: $A = \frac{10\,cm + 6\,cm}{2} \cdot 2\,cm = 16\,cm^2$

III: $A = \frac{4\,cm \cdot 8\,cm}{2} = 16\,cm^2$

b) Das Quadrat hat eine Seitenlänge von $a = 4\,cm$.

271) a)

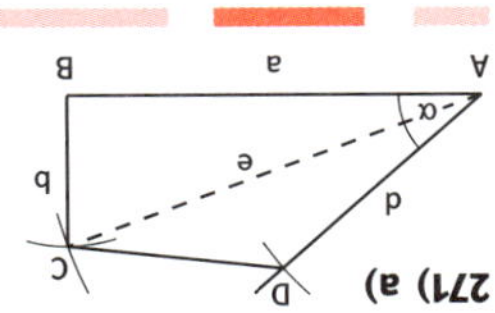

b) Das Dreieck ABC ist nach dem Kongruenzsatz sss eindeutig konstruiert, das Dreieck ABD nach dem Kongruenzsatz sws.

272 ●●○ Ein Trapez aus Dreiecken

So gut war ich. ☺ 😐 ☹

Fertige eine Skizze an und berechne den Flächeninhalt des Trapezes.

Ein gleichschenkliges Trapez setzt sich zusammen aus drei gleichschenkligen Dreiecken mit $s = 5\,cm$, $g = 8\,cm$ und $h_g = 3\,cm$.

273 ●○○ Eigenschaften eines Trapezes

So gut war ich. ☺ 😐 ☹

Kreuze die richtigen Aussagen an. Zeichne dir zunächst eine Skizze.

Ein symmetrisches (gleichschenkliges) Trapez

☐ (1) hat eine Symmetrieachse.

☐ (2) hat zwei nicht parallele gleich lange Seiten.

☐ (3) vier gleich große Winkel.

☐ (4) vier unterschiedlich große Winkel.

☐ (5) zwei Paare gleich großer Winkel.

☐ (6) zwei gleich lange parallele Seiten.

272) Skizze:

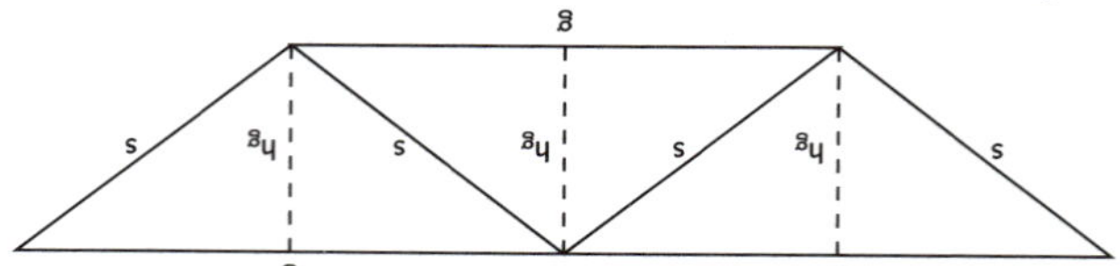

$A = \frac{2g+g}{2} \cdot h_g = \frac{24\,cm}{2} \cdot 3\,cm = 36\,cm^2$

273) Skizze (siehe Test 272)

Richtig sind (1), (2) und (5).

274 ●●○ Wie groß ist das Trapez?

So gut war ich.

Bestimme den Flächeninhalt des Trapezes.

In einem Trapez ($a \parallel b$) ist h halb so groß wie a und a vier Mal so groß wie c.

275 ●●○ Wie lang sind die parallelen Seiten?

So gut war ich.

Berechne die Längen von a und c.

Ein Trapez ($a \parallel c$) hat den Flächeninhalt $A = 19{,}8\,dm^2$ und die Höhe $h = 2{,}2\,dm$.
c ist fünf Mal so lang wie a.

276 ●●○ Welche Längen fehlen hier?

So gut war ich.

Berechne die Längen von a und h.

Ein Trapez hat den Flächeninhalt $A = 31\,dm^2$ und a ist ein Drittel so lang wie $c = 9{,}3\,dm$.

276) $31\,dm^2 = \frac{3{,}1\,dm + 9{,}3\,dm}{2} \cdot h$; $h = 5\,dm$; $a = 3{,}1\,dm$

275) $19{,}8\,dm^2 = \frac{a+5a}{2} \cdot 2{,}2\,dm$; $19{,}8\,dm^2 = 6{,}6\,dm \cdot a$; $a = 3\,dm$; $c = 15\,dm$

274) $h = 0{,}5a = 0{,}5 \cdot 4c = 2c$; $A = \frac{4c+c}{2} \cdot 2c = 5c^2$

277 ●●○ Lauter Trapeze

So gut war ich.

Berechne deren Flächeninhalte.

Die Fläche besteht aus Trapezen.
Beachte: sie haben alle die Höhe h = 2,5 cm.

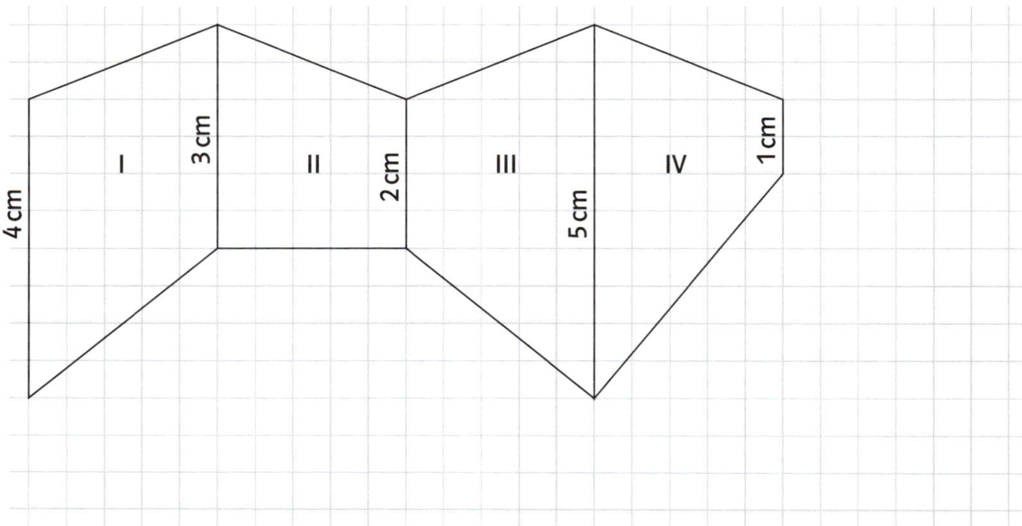

278 ●●○ Finde die fehlenden Stücke

So gut war ich.

In der Tabelle findest du alle Größen, die du für die Konstruktion eines Trapezes benötigst. Ergänze die fehlenden Größen.

	A	a	c	m	h
a)	$15\,cm^2$	4 cm	6 cm		
b)	$6{,}25\,cm^2$	2,5 cm		2,5 cm	
c)		10 cm	2 dm		4 dm
d)			4,8 dm	6,4 dm	1,2 m
e)	$2{,}52\,m^2$	7,2 m		8,4 m	

277) $A_I = \frac{4\,cm + 3\,cm}{2} \cdot 2{,}5\,cm = 8{,}75\,cm^2$
$A_{II} = \frac{2\,cm + 3\,cm}{2} \cdot 2{,}5\,cm = 6{,}25\,cm^2$
$A_{III} = \frac{5\,cm + 2\,cm}{2} \cdot 2{,}5\,cm = 8{,}75\,cm^2$
$A_{IV} = \frac{5\,cm + 1\,cm}{2} \cdot 2{,}5\,cm = 7{,}5\,cm^2$

278) a) m = 5 cm, h = 3 cm; **b)** c = 2,5 cm, h = 2,5 cm; **c)** A = $6\,dm^2$, m = 15 cm; **d)** A = $76{,}8\,dm^2$, a = 8 dm; **e)** c = 9,6 m, h = 0,3 m

279 ●●○ Immer noch Flächeninhalte

So gut war ich. ☺ 😐 ☹

Berechne auf einem Extra-Blatt die Flächeninhalte der eingefärbten Flächen. Gib zu a) zwei mögliche Lösungswege an.

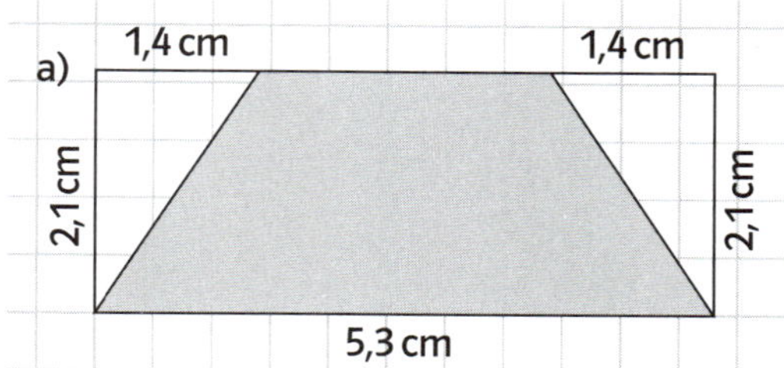

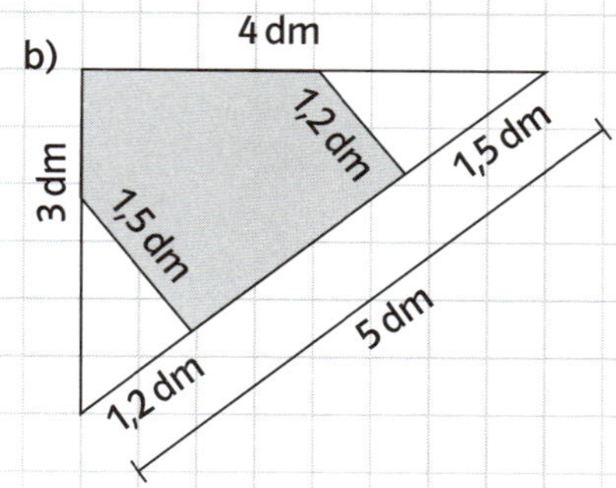

280 ●○○ Umfänge berechnen

So gut war ich. ☺ 😐 ☹

Berechne von allen abgebildeten Flächen die Umfänge.

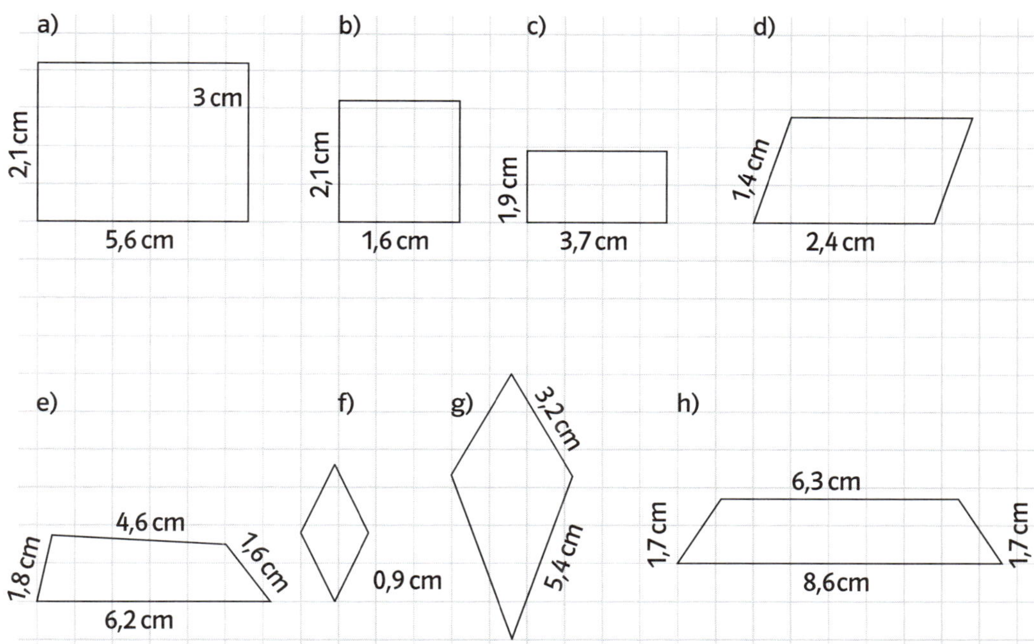

279) a) $A = \frac{5{,}3\,\text{cm} + 2{,}5\,\text{cm}}{2} \cdot 2{,}1\,\text{cm} = 8{,}19\,\text{cm}^2$ oder $A = 11{,}13\,\text{cm}^2 - 2{,}94\,\text{cm}^2 = 8{,}19\,\text{cm}^2$;
b) $A = \frac{3\,\text{dm} \cdot 4\,\text{dm}}{2} = 6\,\text{dm}^2$; $2 \cdot \frac{1{,}2\,\text{dm} \cdot 1{,}5\,\text{dm}}{2} = 1{,}8\,\text{dm}^2$; $6\,\text{dm}^2 - 1{,}8\,\text{dm}^2 = 4{,}2\,\text{dm}^2$

280) a) U = 10,7 cm; **b)** U = 6,4 cm; **c)** U = 11,2 cm; **d)** U = 7,6 cm; **e)** U = 14,2 cm; **f)** U = 3,6 cm; **g)** U = 17,2 cm; **h)** U = 18,3 cm

281 ●●○ Noch mehr Flächeninhalte I

So gut war ich. ☺ 😐 ☹

Zeichne das Vieleck in ein Koordinatensystem und berechne dessen Flächeninhalt. Verbinde dazu alle angegebenen Punkte miteinander, bis der Streckenzug geschlossen ist.

A(3 | 0)
B(1 | 1)
C(1 | 5)
D(3 | 6,5)
E(5 | 4,5)
F(5 | 0)
G(3 | 0,5)

282 ●●○ Noch mehr Flächeninhalte II

So gut war ich. ☺ 😐 ☹

Zeichne das Vieleck in ein Koordinatensystem und berechne dessen Flächeninhalt. Verbinde dazu alle angegebenen Punkte miteinander, bis der Streckenzug geschlossen ist.

A(0,5 | 0,5)
B(1,5 | 0,5)
C(3 | 0,5)
D(4 | 3)
E(2,5 | 3)
F(2,5 | 5,5)
G(1 | 3)
H(0,5 | 3)

281) 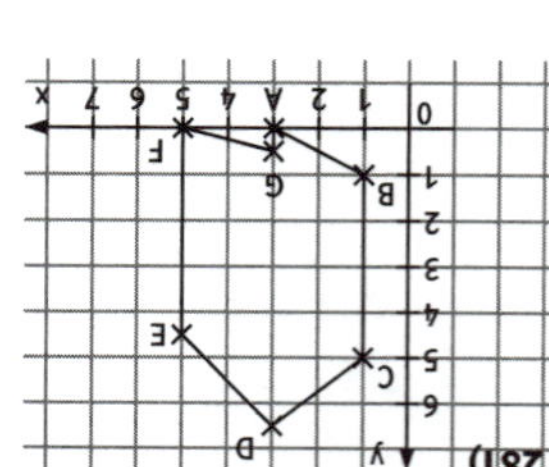

281) $A_{ABCD} = \frac{4\,cm + 6,5\,cm}{2} \cdot 2\,cm = 10,5\,cm^2$;
$A_{DEFG} = \frac{4,5\,cm + 6\,cm}{2} \cdot 2\,cm = 10,5\,cm^2$;
$A = 21,0\,cm^2$

282) $A_{ABEH} = \frac{1\,cm + 2\,cm}{2} \cdot 2,5\,cm = 3,75\,cm^2$;
$A_{BCDE} = 1,5\,cm \cdot 2,5\,cm = 3,75\,cm^2$;
$A_{EFG} = \frac{1,5\,cm \cdot 2,5\,cm}{2} = 1,875\,cm^2$;
$A_{gesamt} = 9,375\,cm^2$

282) 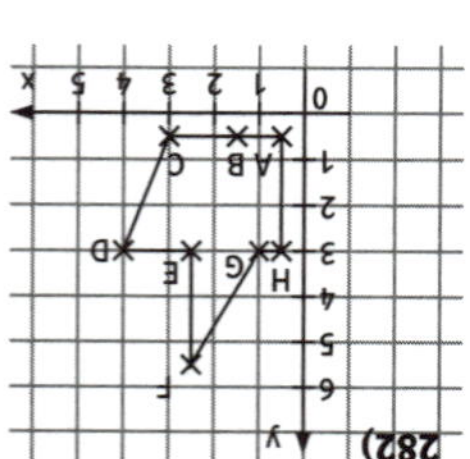

283 ●●○ Keine konkreten Inhalte und Umfänge?

So gut war ich. ☺ 😐 ☹

Gib für die folgenden Flächeninhalte und Umfänge einen passenden Term an.

a)

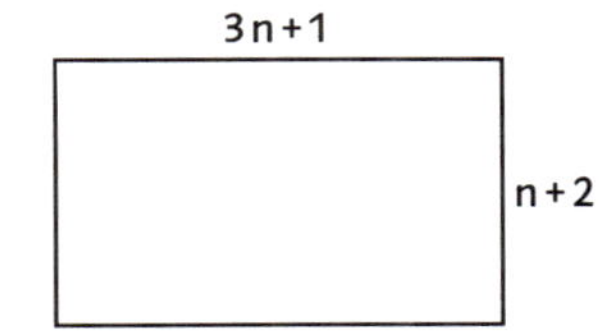

b)

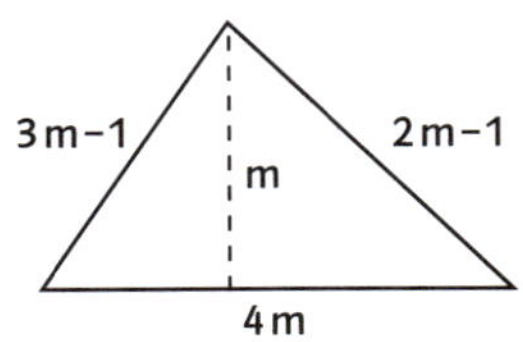

c)

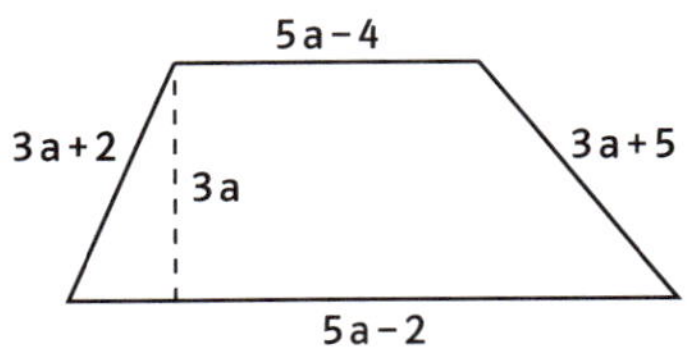

284 ●●● Keine konkreten Flächeninhalte?

So gut war ich. ☺ 😐 ☹

Bestimme die Flächeninhalte der eingefärbten Flächen.

a)

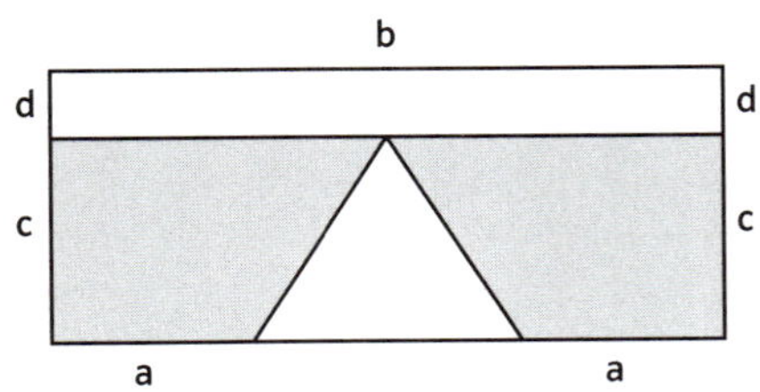

b)

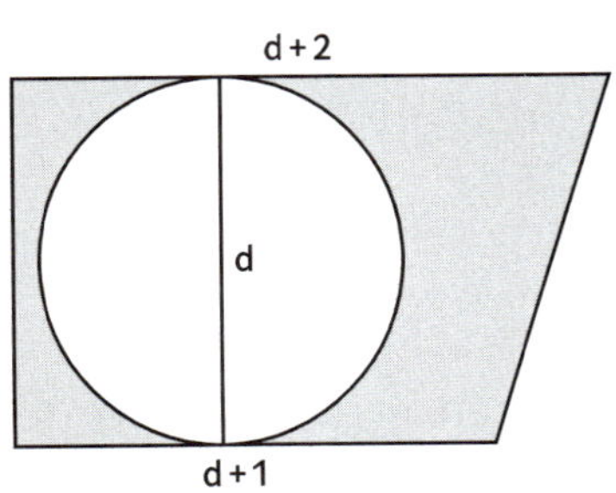

283) a) $A = (3n+1)(n+2) = 3n^2+7n+2$; $U = 2\cdot(3n+1)+2\cdot(n+2) = 8n+6$; **b)** $A = \frac{4m\cdot m}{2} = 2m^2$; $U = 4m+2m-1+3m-1 = 9m-2$; **c)** $A = \frac{(5a-2)+(5a-4)}{2}\cdot 3a = 15a^2-9a$; $U = 5a-2+3a+5+5a-4+3a+2 = 16a+1$

284) a) $A = b\cdot(c+d)-\left[bd+\frac{(b-2a)\cdot c}{2}\right] = 0{,}5bc+ac$; **b)** $A = \frac{d+2+d+1}{2}\cdot d-\pi\left(\frac{d}{2}\right)^2 = \frac{d^2(4-\pi)+6d}{4}$

285 ●●○ Flächeninhalte und Umfänge schätzen

So gut war ich. ☺ 😐 ☹

Schätze die Umfänge und Flächeninhalte der beiden Flächen. Beschreibe, wie du vorgegangen bist. Finde zu b) zwei Lösungswege.

a)

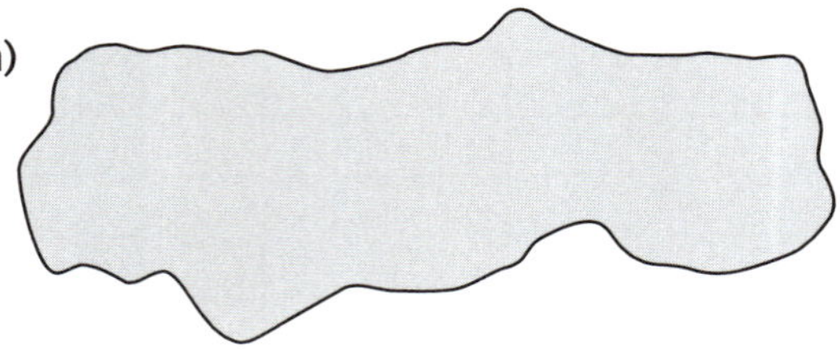

b)

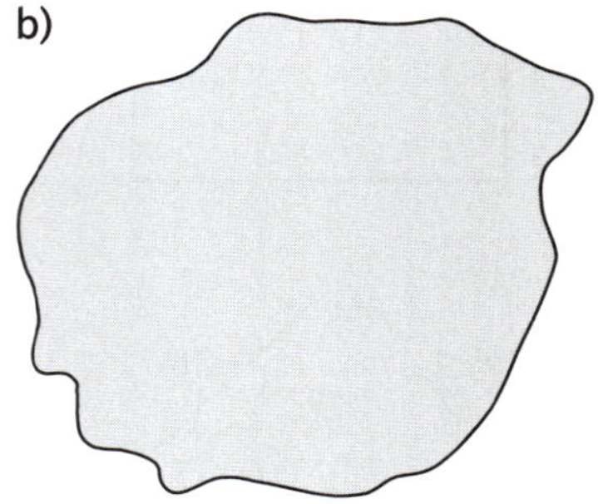

286 ●○○ Gleicher Flächeninhalt – veränderte Umfänge

So gut war ich. ☺ 😐 ☹

Von den vier Quadraten sind jeweils gleiche Ecken abgeschnitten und an anderer Stelle angefügt worden. Berechne alle Umfänge.

a)

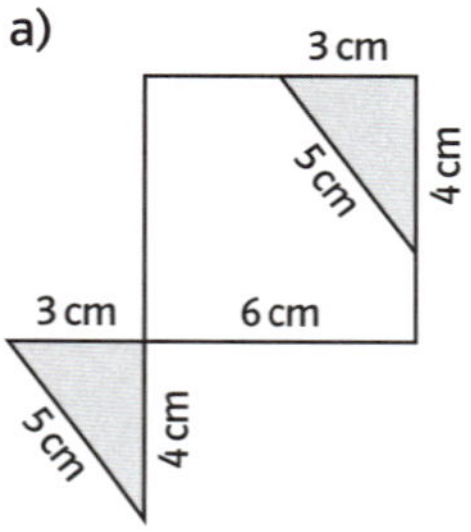

b)

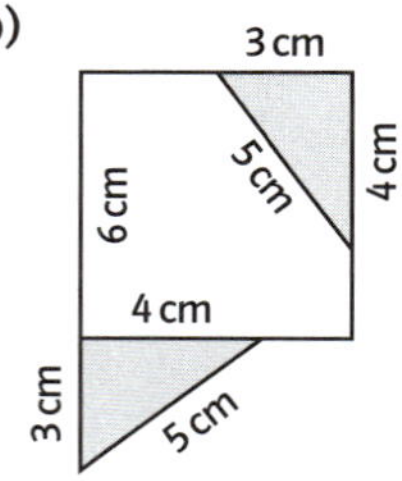

c)

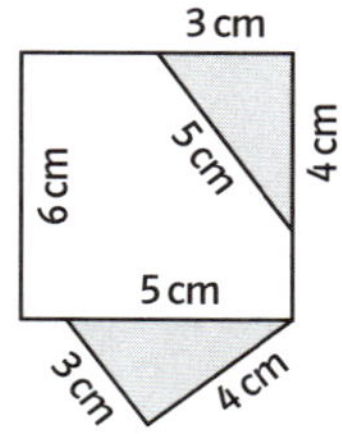

d)

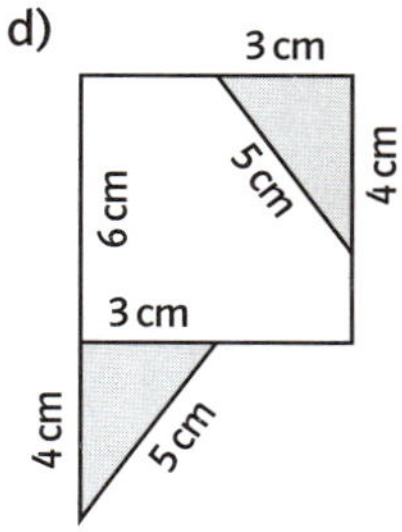

285) a) In und um die Fläche wird ein Rechteck mit a = 6,5 cm und b = 2 cm gezeichnet, das ungefähr die Fläche abdeckt. A = 13 cm², U = 17 cm; **b)** In und um die Fläche wird ein Quadrat mit a = 3,9 cm gelegt, das ungefähr die Fläche abdeckt. A = 15,21 cm², U = 15,6 cm. Oder: In und um die Fläche wird ein Kreis mit r = 2,2 cm gelegt, der ungefähr die Fläche abdeckt. A = 15,2 cm², U = 13,8 cm.

zu a)

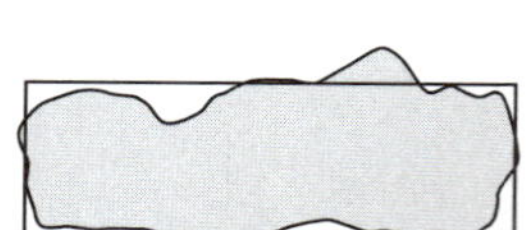

zu b)

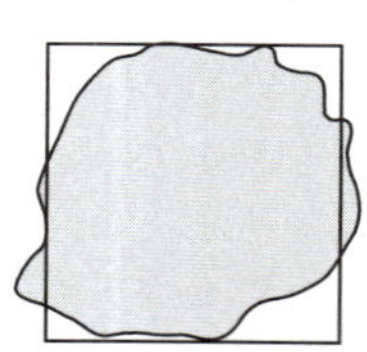

oder

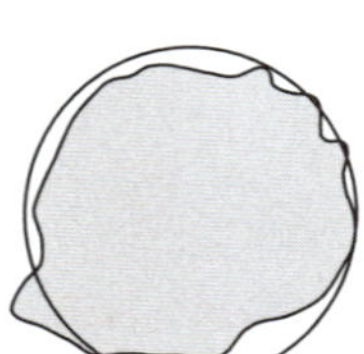

286) a) U = 34 cm; **b)** U = 26 cm; **c)** U = 24 cm; **d)** U = 28 cm

287 ●●○ Wie hoch ist das Schiff?

So gut war ich. ☺ 😐 ☹

Ein riesiges Kreuzfahrtschiff hat zwölf Decks über Wasser und der Rumpf des Schiffes unter Wasser macht etwas mehr als 30 % der Höhe aus, die über Wasser sichtbar wird.

Wie hoch ist das Schiff ungefähr, wenn die großen Schornsteine nicht mitgerechnet werden? Schreibe deine Überlegungen auf.

288 ●●○ Wie groß ist der Teich?

So gut war ich. ☺ 😐 ☹

Patrik hat seine Luftmatratze auf den Gartenteich geworfen, um sich auf dem Wasser zu sonnen.

Wie groß ist in etwa die Teichoberfläche? Schreibe deine Überlegungen auf.

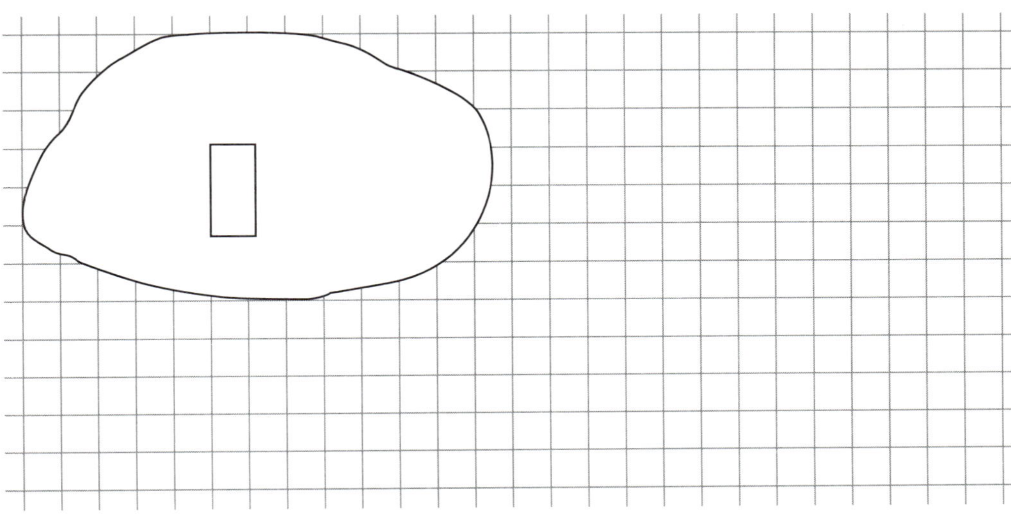

287) Ein Deck könnte Zimmerhöhe haben, also ca. 2,5 m. 12 Decks sind zu sehen, also ca. 30 m ragen aus dem Wasser. Gut 30 % von 30 m sind 9 – 10 m, die unter Wasser sind. Also hat das Schiff eine Höhe von ca. 40 m.

288) Eine Luftmatratze hat die geschätzte Größe von 2 m · 1 m, also 2 m². Der Teich ist ca. 10 Mal so lang wie die Luftmatratze breit ist und ca. 3 Mal so breit wie die Luftmatratze lang ist. Der Teich hat eine geschätzte Größe von 30 m².

289 ●●○ Wie konstruiert man einen Drachen?

So gut war ich.

Konstruiere ein Drachenviereck aus

a) $c = 1{,}5\,\text{cm}$, $d = 2{,}5\,\text{cm}$, $\delta = 125°$

b) $e = 2\,\text{cm}$, $f = 3\,\text{cm}$, $\overline{CD} = c = 1{,}5\,\text{cm}$

Skizze:

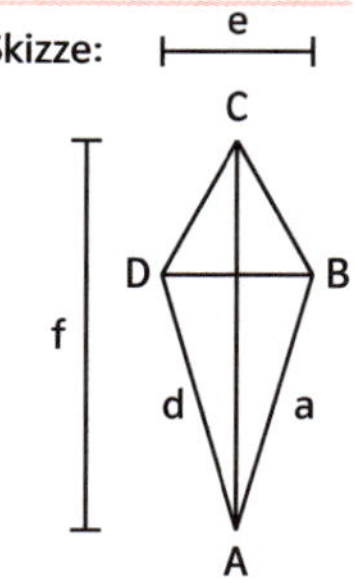

290 ●●○ Was ist eine Raute?

So gut war ich.

Konstruiere eine Raute aus

a) $e = 1{,}5\,\text{cm}$, $a = 2{,}5\,\text{cm}$.

b) $f = 1{,}5\,\text{cm}$, $a = 2{,}5\,\text{cm}$.

Skizze:

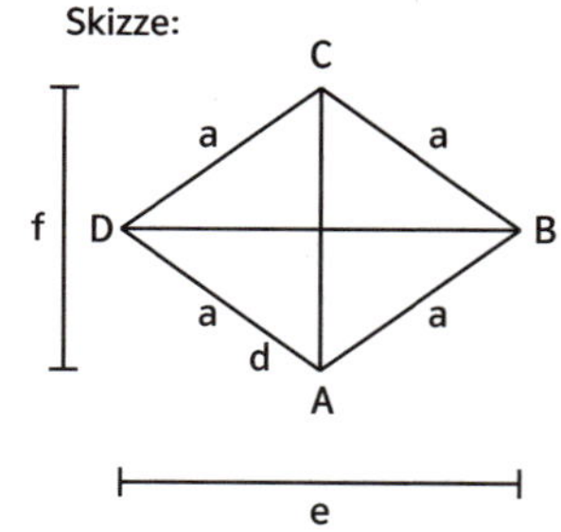

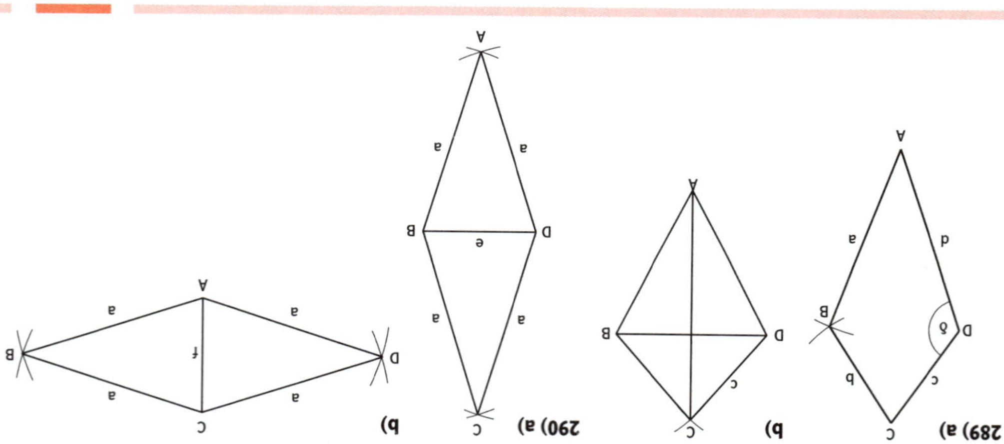

291 ●●○ Volumen von Prismen

So gut war ich.

Prisma 1 hat eine dreieckige Grundfläche mit $g = 3\,\text{cm}$ und $h = 4{,}5\,\text{cm}$ und eine Höhe von 6 cm.

a) Berechne das Volumen von Prisma 1.

b) Wie verhält sich das Volumen von Prisma 2 zu dem von Prisma 1, wenn man die Grundfläche verdreifacht und die Prismenhöhe drittelt?

c) Wie verhält sich das Volumen von Prisma 3 zu Prisma 1, wenn g und h und die Prismenhöhe verdreifacht werden?

292 ●●○ Rauminhalt eines Prismas

So gut war ich.

Berechne das Volumen des Prismas.

Ein Prisma hat die abgebildete Grundfläche und eine Höhe von 4,8 cm.

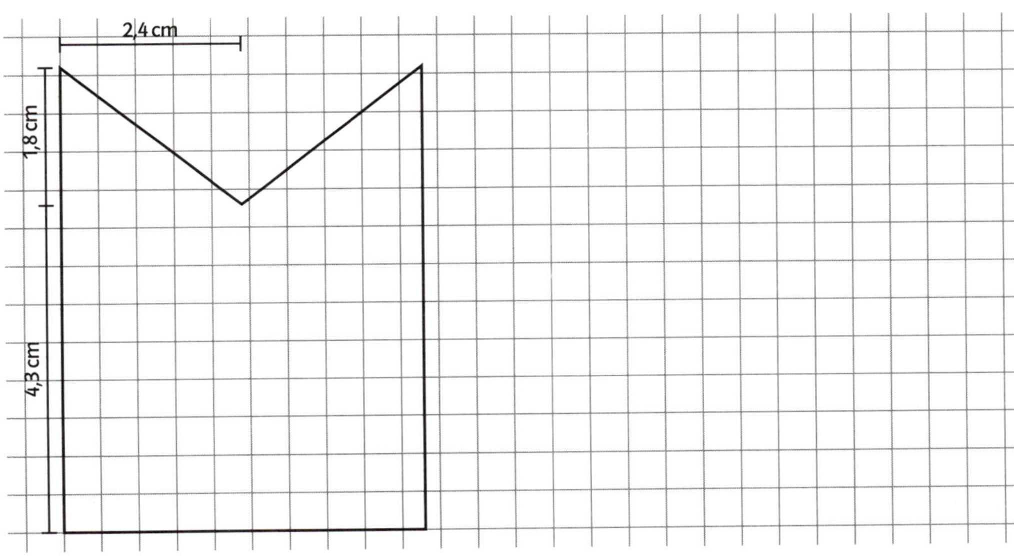

291) a) $V = G \cdot h = \frac{3\,\text{cm} \cdot 4{,}5\,\text{cm}}{2} \cdot 6\,\text{cm}$. Das Volumen beträgt $40{,}5\,\text{cm}^3$. **b)** Die Volumina sind gleich.
c) Das Volumen wird 27 Mal so groß.

292) $G = 20{,}64\,\text{cm}^2 + 4{,}32\,\text{cm}^2 = 24{,}96\,\text{cm}^2$;
$V = G \cdot h = 24{,}96\,\text{cm}^2 \cdot 4{,}8\,\text{cm} = 119{,}808\,\text{cm}^3$. Das Volumen beträgt $119{,}808\,\text{cm}^3$.

293 ●○○ Die Oberfläche eines Würfels

So gut war ich. ☺ 😐 ☹

a) Berechne den Oberflächeninhalt eines Würfels mit $a = 4\,cm$.

b) Wie verändert sich der Oberflächeninhalt, wenn man die Kantenlänge a verdoppelt?

294 ●●○ Die Oberfläche eines Quaders

So gut war ich. ☺ 😐 ☹

a) Berechne den Oberflächeninhalt eines Quaders mit $a = 2{,}7\,cm$, $b = 3{,}6\,cm$ und $c = 4{,}2\,cm$.

b) Um wie viel Prozent ist der Oberflächeninhalt eines zweiten Quaders kleiner als der des Quaders unter a), wenn man die Grundseiten drittelt und die Höhe verdreifacht?

293) a) $O = 6a^2 = 96\,cm^2$. Der Oberflächeninhalt des Würfels beträgt $96\,cm^2$.
b) $O = 6a^2 = 384\,cm^2 = 96\,cm^2 \cdot 4$. Der Oberflächeninhalt vervierfacht sich.

294) a) $O = 2 \cdot 2{,}7\,cm \cdot 3{,}6\,cm + 2 \cdot 3{,}6\,cm \cdot 4{,}2\,cm + 2 \cdot 2{,}7\,cm \cdot 4{,}2\,cm = 72{,}36\,cm^2$. Der Oberflächeninhalt beträgt $72{,}36\,cm^2$.
b) $a = 0{,}9\,cm$, $b = 1{,}2\,cm$, $c = 12{,}6\,cm$; $O = 2 \cdot 0{,}9\,cm \cdot 1{,}2\,cm + 2 \cdot 0{,}9\,cm \cdot 12{,}6\,cm + 2 \cdot 1{,}2\,cm \cdot 12{,}6\,cm = 55{,}08\,cm^2$.
Der Oberflächeninhalt beträgt $55{,}08\,cm^2$. Diese Oberfläche ist ca. 24 % kleiner als die des Quaders aus a).

295 ●●○ Eigenartige Grundfläche

So gut war ich. ☺ 😐 ☹

Berechne Volumen und Oberflächeninhalt eines 8,4 cm hohen Prismas mit folgender Grundfläche. Runde die Ergebnisse auf zwei Nachkommastellen.

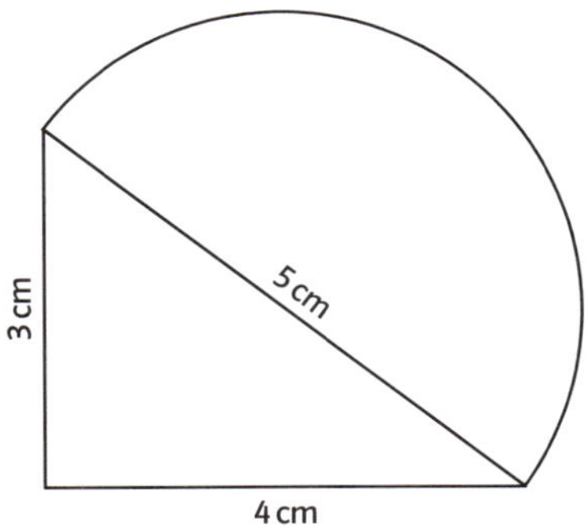

296 ●●○ Ähnlich ungewöhnliche Grundflächen

So gut war ich. ☺ 😐 ☹

Berechne die Volumina folgender Prismen.

a) Grundfläche:

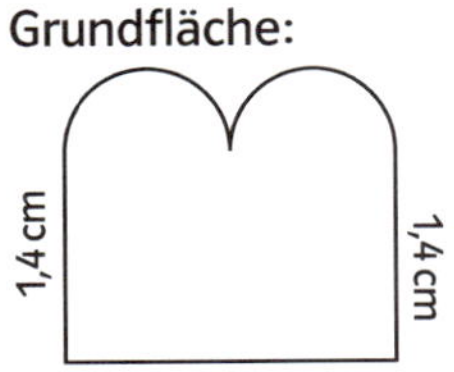

Höhe: 3,12 cm

b) Grundfläche:

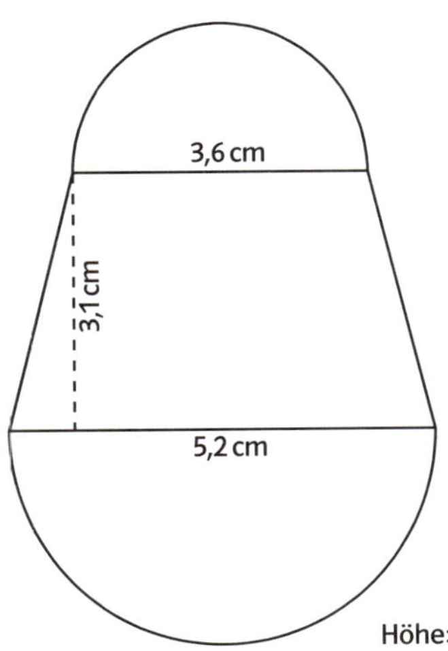

Höhe: 4,9 cm

295) $G = A_{Dreieck} + A_{Halbkreis} = 15{,}82\,cm^2$; $V = 132{,}87\,cm^3$; $O = 2G + M$; $M = (U_{Halbkreis} + 3\,cm + 4\,cm) \cdot 8{,}4\,cm = 124{,}74\,cm^2$; $O = 31{,}64\,cm^2 + 124{,}74\,cm^2 = 156{,}38\,cm^2$

296) a) $G = 2{,}2\,cm \cdot 1{,}4\,cm + \pi \cdot (0{,}55\,cm)^2 = 4{,}03\,cm^2$; $V = 4{,}03\,cm^2 \cdot 3{,}12\,cm = 12{,}57\,cm^3$;
b) $G = \frac{5{,}2\,cm + 3{,}6\,cm}{2} \cdot 3{,}1\,cm + \frac{1}{2}\pi(2{,}6\,cm)^2 + \frac{1}{2}\pi(1{,}8\,cm)^2 = 29{,}35\,cm^2$; $V = 143{,}82\,cm^3$

297 ●●● Volumen ohne konkrete Größen?

So gut war ich.

Gib das Volumen des folgenden Prismas in möglichst einfacher Form an.

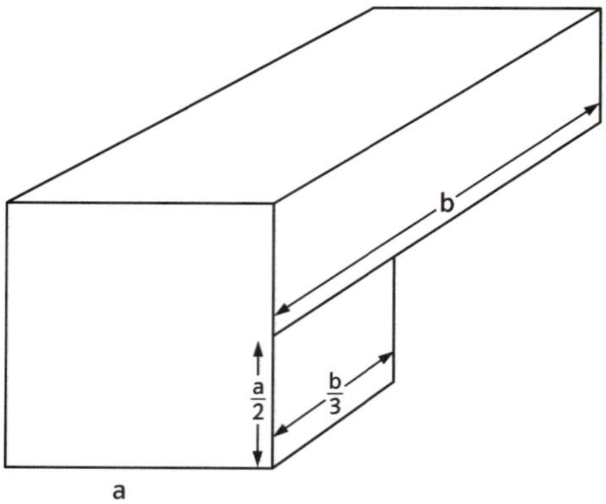

298 ●○○ Zwei Quader gleichen Volumens

So gut war ich.

Zwei Quader haben gleiches Volumen von $64\,cm^3$.

a) Ein Quader ist 4 cm lang und 8 cm breit. Wie hoch ist er?

b) Der andere Quader ist 4 cm lang und 4 cm hoch. Wie breit ist er?

c) Um welchen Körper handelt es sich bei b)?

Stelle zur Berechnung der fehlenden Größen je eine Gleichung auf.

297) $V = a \cdot b \cdot \frac{a}{2} + a \cdot \frac{b}{3} \cdot \frac{a}{2} = \frac{2a^2b}{3}$

298) a) $64\,cm^3 = 4\,cm \cdot 8\,cm \cdot x$; $x = 2\,cm$; Der Quader ist 2 cm hoch. **b)** $64\,cm^3 = 4\,cm \cdot 4\,cm \cdot x$; $x = 4\,cm$; **c)** Es handelt sich um einen Würfel.

299 ●○○ Noch mehr volumengleiche Körper

So gut war ich. ☺ 😐 ☹

Berechne die Oberflächeninhalte der beiden volumengleichen Körper und vergleiche sie miteinander.

a) Ein Quader ist 4 cm lang, 4 cm breit und 4 cm hoch.

b) Der andere Quader ist 4 cm lang und 8 cm breit und 2 cm hoch.

300 ●●● Wenn aus einem Würfel ein Prisma wird ...

So gut war ich. ☺ 😐 ☹

Ein Würfel aus Knete mit Seitenlänge x wird längs einer Diagonalen halbiert. Die beiden Hälften werden so aufeinander gesetzt, dass ein Prisma mit dreieckiger Grundfläche entsteht.

a) Gib die Formel zur Berechnung des Volumens an.

b) Versuche (ohne Rechnung) zu begründen, warum der Oberflächeninhalt des ursprünglichen Würfels kleiner ist als der des neu entstandenen Prismas mit dreieckiger Grundfläche.

299) a) $O_{Würfel} = 6 \cdot (4\,cm)^2 = 96\,cm^2$; **b)** $O_{Quader} = 2 \cdot 4\,cm \cdot 8\,cm + 2 \cdot 4\,cm \cdot 2\,cm + 2 \cdot 8\,cm \cdot 2\,cm = 112\,cm^2$. Der Quader hat eine größere Oberfläche als der Würfel, obwohl beide Körper das gleiche Volumen haben.

300) a) $V = \frac{x \cdot x}{2} \cdot 2x = x^3$; **b)** $O_{Würfel} = 6x^2$; Das dreieckige Prisma ist doppelt so hoch wie der Würfel. Somit dürfte für den gleichen Oberflächeninhalt der Umfang der Grundfläche nur halb so groß sein wie der Umfang des Würfels. Er dürfte nur 2x betragen, beträgt aber wegen der dritten Dreiecksseite 2x + Länge der Dreiecksseite.

301 ●●○ Das Prisma

So gut war ich. ☺ 😐 ☹

Das Prisma hat eine rechteckige Grundfläche mit den Seiten a und b. Die Höhe beträgt c.

Ergänze die fehlenden Größen.

	a	b	c	V	G
a)	4,1 cm	2,8 cm	3,5 cm		
b)	31,2 m		14,9 m	464,88 m3	
c)	2,1 dm		3,6 dm		10,5 dm2

302 ●●○ Auch hier fehlen Größen

So gut war ich. ☺ 😐 ☹

Das Prisma hat eine rechteckige Grundfläche mit den Seiten a und b. Die Höhe beträgt c.

Fülle die leeren Kästchen aus.

	a	b	c	G	M	O
a)	3 m	4 m	2 m			
b)	4,9 cm		2 cm		27,6 cm2	
c)	2 dm			14,2 dm2	58,24 dm2	

300) a) V = 40,18 cm^3, G = 11,48 cm^2; **b)** b = 1 m, G = 31,2 m^2; **c)** b = 5 dm, V = 37,8 dm^3

301) a) G = 12 m^2, M = 28 m^2, O = 52 m^3; **b)** b = 2 cm, G = 9,8 cm^2, O = 47,2 cm^2; **c)** b = 7,1 dm, c = 3,2 dm, O = 86,64 dm^2

303 ●○○ Netze von Prismen

So gut war ich.

Kreuze an, welche der Abbildungen Netze von Prismen sein können.

a) ☐

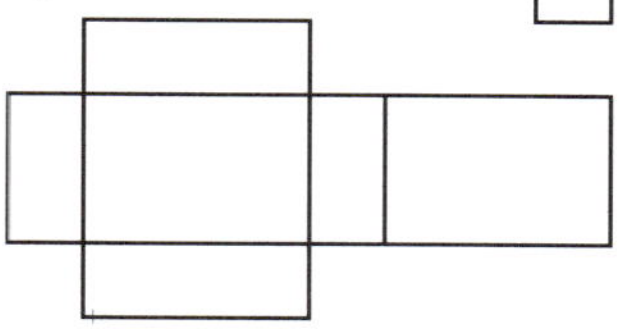

b) ☐

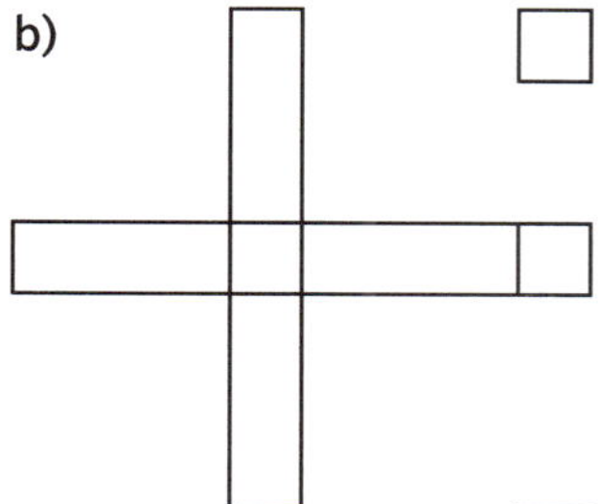

c) ☐

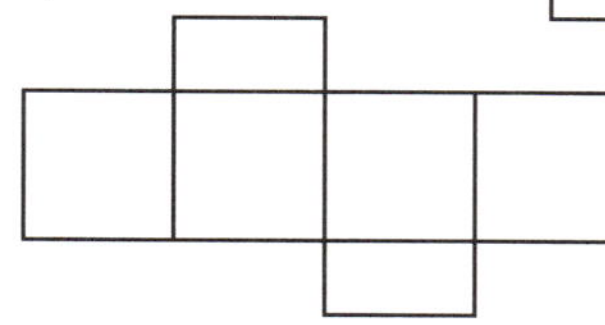

d) ☐

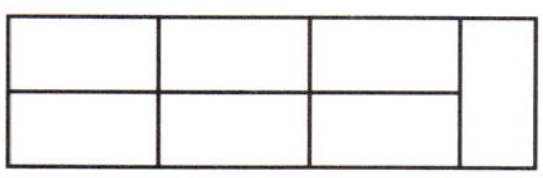

e) ☐

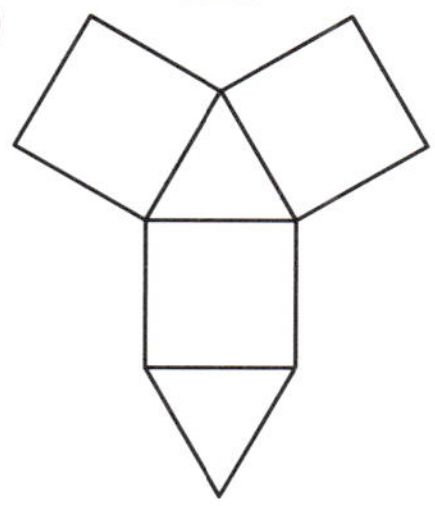

f) ☐

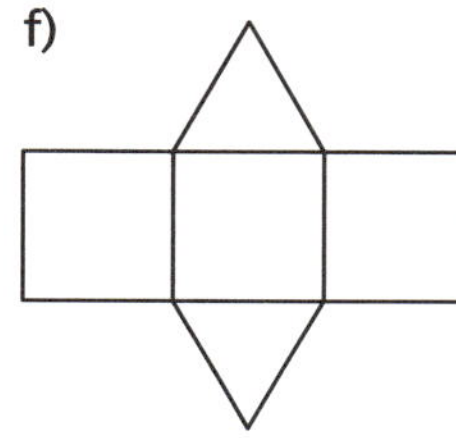

304 ●●○ Vervollständige die Netze

So gut war ich.

Die abgebildeten Netze von Prismen sind nicht vollständig. Zeichne die passenden Teile hinzu. Finde bei c) zwei Möglichkeiten.

a)

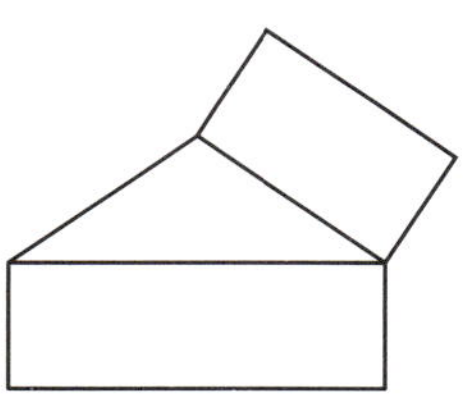

b)

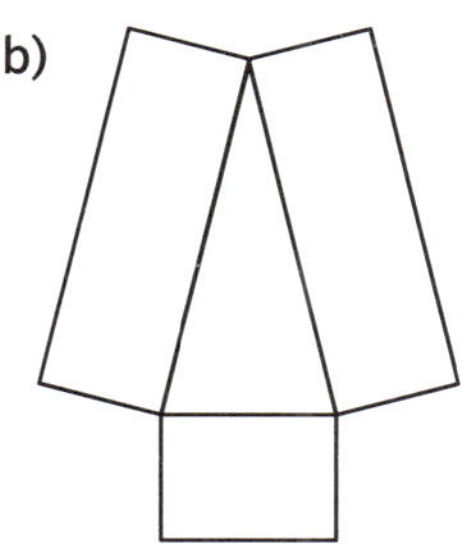

c)

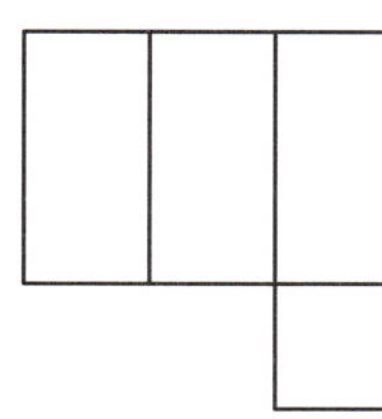

303) a) ja; **b)** ja; **c)** nein; **d)** nein; **e)** ja; **f)** ja

304) a)

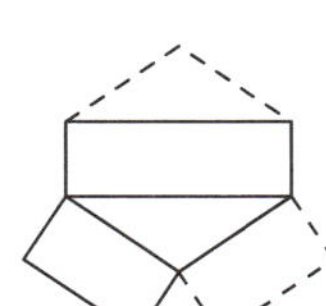

b)

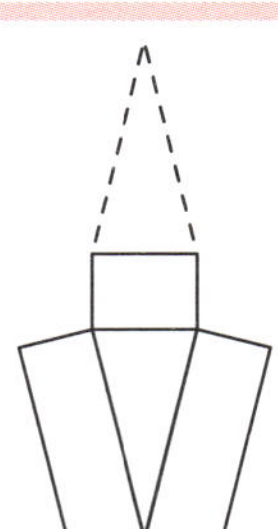

c)

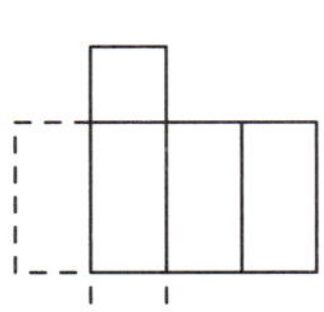

oder

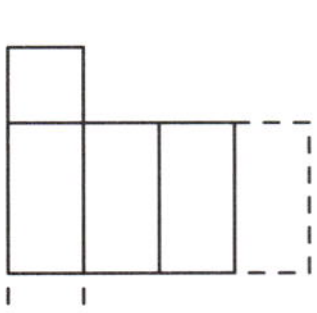

305 ●●○ Zeichne Netze von Prismen

So gut war ich. ☺ 😐 ☹

Zeichne jeweils das passende Netz eines Prismas zu folgenden Grundflächen.

a)

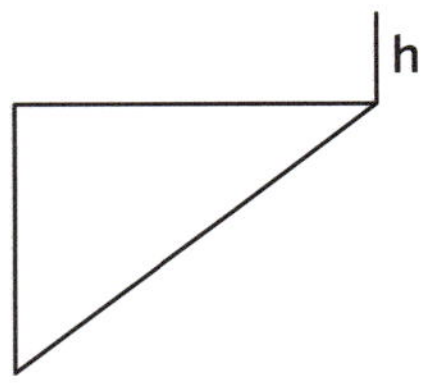

b)

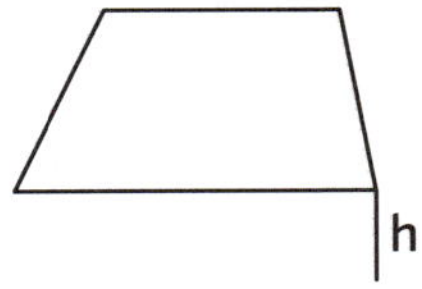

306 ●●○ Zeichne noch einmal

So gut war ich. ☺ 😐 ☹

Zeichne jeweils das passende Netz eines Prismas zu folgenden Grundflächen.

a)

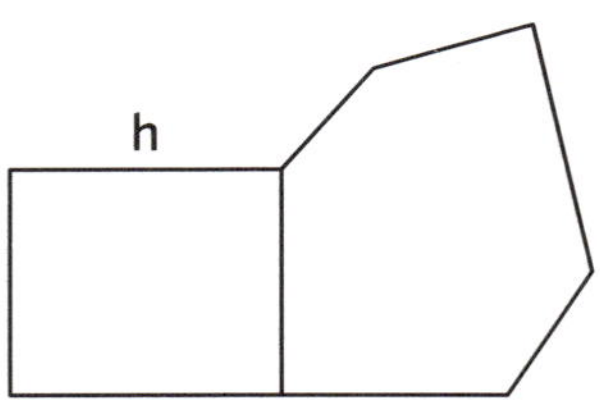

b)

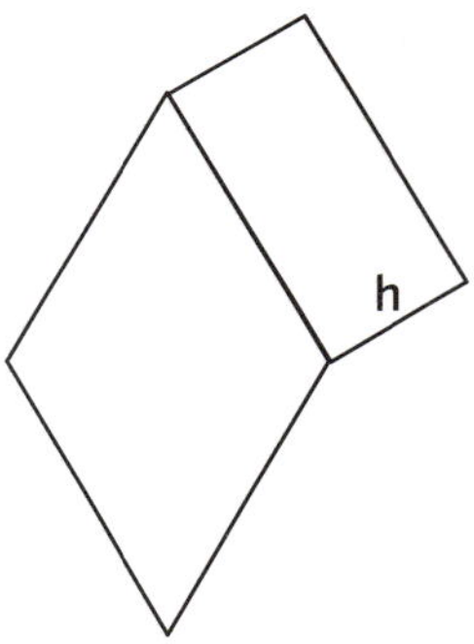

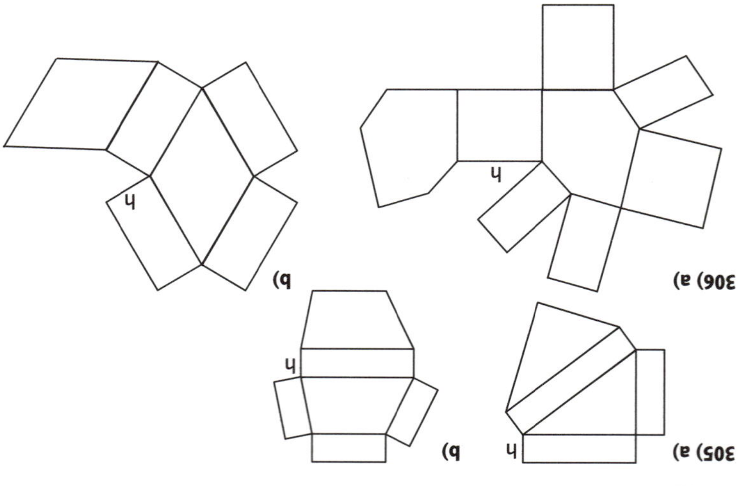

307 ●●● Eine Raute als Grundfläche

So gut war ich.

a) Berechne das Volumen des 3,5 dm hohen Prismas mit der Raute als Grundfläche mit $a = 2{,}2\,dm$, mit der Diagonale $e = 1{,}8\,dm$ und mit der Diagonalen $f = 4{,}2\,dm$.

b) Berechne den Oberflächeninhalt, wenn die Prismahöhe aus a) sich verdreifacht.

308 ●●○ Das Volumen eines Kastenkuchens

So gut war ich.

Berechne das Volumen der folgenden Kuchenform. Welche Form hat die Grundfläche?

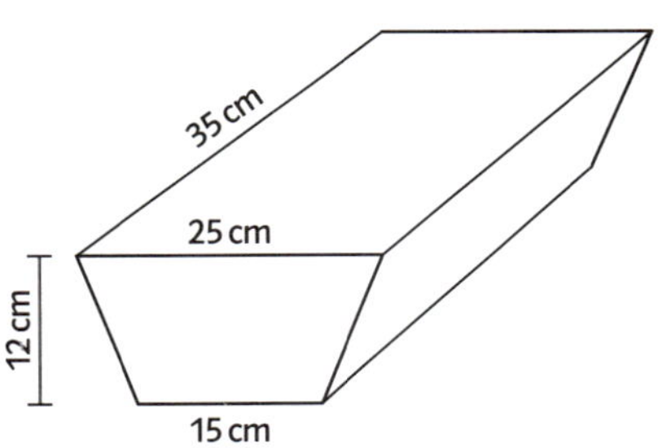

307) a) $G = \frac{e \cdot f}{2} = \frac{1{,}8\,dm \cdot 4{,}2\,dm}{2} = 3{,}78\,dm^2$; $V = 3{,}78\,dm^2 \cdot 3{,}5\,dm = 13{,}23\,dm^3$;

b) $O = 2G + M$; $M = 4 \cdot 2{,}2\,dm \cdot 10{,}5\,dm = 92{,}4\,dm^2$; $O = 7{,}56\,dm^2 + 92{,}4\,dm^2 = 99{,}96\,dm^2$

308) $G = \frac{15\,cm + 25\,cm}{2} \cdot 12\,cm = 240\,cm^2$; $V = 240\,cm^2 \cdot 35\,cm = 8\,400\,cm^3$. Die Grundfläche ist ein Trapez.

309 ●●○ Noch eine Kuchenform

So gut war ich. ☺ 😐 ☹

Berechne das Volumen dieser Kuchenform, die eine Höhe von 6 cm haben soll.

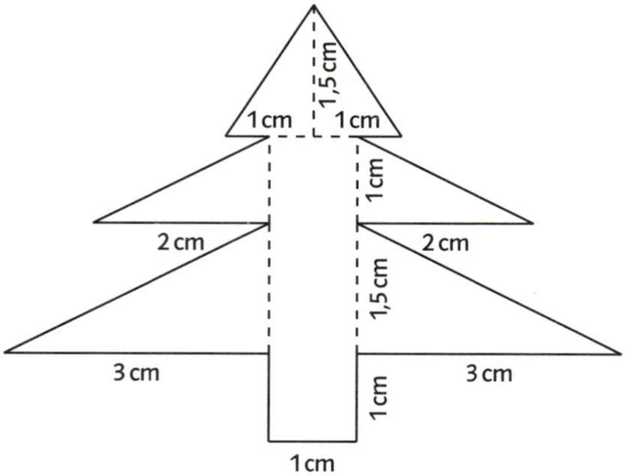

310 ●●○ Stecksteine aus Gummi

So gut war ich. ☺ 😐 ☹

Berechne das Volumen dieses Stecksteins aus Hartgummi, der eine Stärke von 1,2 cm haben soll.

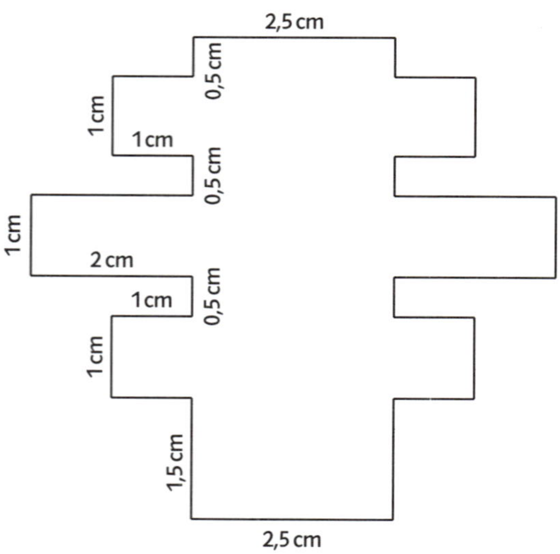

309) $G = \frac{2\,cm \cdot 1{,}5\,cm}{2} + 1\,cm \cdot 3{,}5\,cm + 2 \cdot \frac{3\,cm \cdot 1{,}5\,cm}{2} + 2 \cdot \frac{2\,cm \cdot 1\,cm}{2}$
$= 1{,}5\,cm^2 + 3{,}5\,cm^2 + 4{,}5\,cm^2 + 2\,cm^2 = 11{,}5\,cm^2$; $V = 69\,cm^3$

310) $G = 2{,}5\,cm \cdot 1{,}5\,cm + 4{,}5\,cm \cdot 1\,cm + 2{,}5\,cm \cdot 0{,}5\,cm + 6{,}5\,cm \cdot 1\,cm + 0{,}5\,cm \cdot 2{,}5\,cm + 4{,}5\,cm \cdot 1\,cm + 2{,}5\,cm \cdot 0{,}5\,cm$
$= 23\,cm^2$; $V = 27{,}6\,cm^3$

311 ●●● Wie groß sind die Zylinder?

So gut war ich. ☺ 😐 ☹

Berechne Volumen und Oberflächeninhalt folgender Zylinder. Runde bei jedem Zwischenschritt auf zwei Nachkommastellen.

a) $r = 0{,}9\,\text{cm}$, $h = 3{,}3\,\text{cm}$

b) $d = 4{,}8\,\text{dm}$, $h = 0{,}6\,\text{dm}$

312 ●●● Wie hoch sind die Zylinder?

So gut war ich. ☺ 😐 ☹

Ein Zylinder hat ein Volumen von $V = 41{,}87\,\text{m}^3$.

Berechne jeweils seine Höhe auf zwei Nachkommastellen gerundet, wenn

a) $r = 2{,}8\,\text{m}$

b) $d = 62\,\text{dm}$

c) $0{,}5\,r = 97\,\text{cm}$

311) a) $G = 2{,}54\,\text{cm}^2$; $V = 8{,}4\,\text{cm}^3$; $2G = 5{,}08\,\text{cm}^2$; $U = 5{,}65\,\text{cm}$; $M = 18{,}66\,\text{cm}^2$; $O = 23{,}74\,\text{dm}^2$;
b) $G = 18{,}1\,\text{dm}^2$; $V = 10{,}86\,\text{dm}^3$; $2G = 36{,}2\,\text{dm}^2$; $U = 15{,}08\,\text{dm}$; $M = 9{,}05\,\text{dm}^2$; $O = 45{,}25\,\text{dm}^2$
312) a) $h = 1{,}7\,\text{m}$; **b)** $h = 13{,}87\,\text{dm}$; **c)** $h = 354{,}12\,\text{cm}$

313 ●●● Schneide Würfel aus einem Zylinder aus

So gut war ich.

Aus einem Holzwürfel mit der Kantenlänge $a = 7\,cm$ wird ein Zylinder ausgeschnitten mit einem Durchmesser von $d = 6{,}5\,cm$.

Wie viel Holzvolumen bleibt vom Würfel übrig?

314 ●●● Schneide wieder Würfel aus einem Zylinder aus

So gut war ich.

Aus einem Holzwürfel mit der Kantenlänge $a = 7\,cm$ wird ein Zylinder ausgeschnitten, der einen Durchmesser von $d = 6{,}5\,cm$ hat.

Wie viel Oberfläche ist zu streichen, wenn alle zugänglichen Teile Farbe erhalten sollen?

313) $V_{Würfel} = 343\,cm^3$; $G = 33{,}18\,cm^2$; $V_{Zylinder} = 232{,}28\,cm^3$; $V_{Würfel} - V_{Zylinder} = 110{,}72\,cm^3$; Es bleiben $110{,}72\,cm^3$ Holzvolumen des Würfels übrig.

314) $O_{Würfel} - 2G_{Zylinder} = 227{,}64\,cm^2$; Innere des Würfels, wo Zylinder fehlt = Mantel des Zylinders: $U = 20{,}42\,cm$; $M = 142{,}94\,cm^2$; $A = 227{,}64\,cm^2 + 142{,}94\,cm^2 = 370{,}58\,cm^2$; Es sind $370{,}58\,cm^2$ Oberfläche zu streichen.

315 ●●● Eine Scheibe zwischen Würfeln

So gut war ich.

Zwischen zwei Würfeln, die je ein Volumen von $V = 125\,cm^3$ haben, liegt eine 2 cm dicke Kreisscheibe mit einem Durchmesser von $d = 7\,cm$.

a) Berechne das Gesamtvolumen des Körpers.

b) Wenn man diesen geometrischen Körper anstreichen wollte: Wie viele ganze quadratische Seiten würden Farbe erhalten?

316 ●●● Volumen ohne konkrete Maßangabe

So gut war ich.

Gib das Volumen des abgebildeten Körpers an.

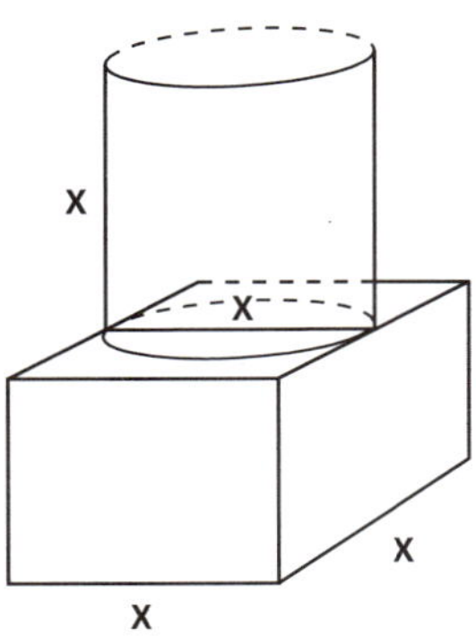

315) a) $V = 2 \cdot V_{Würfel} + V_{Scheibe}$; $V_{Scheibe} = 76{,}97\,cm^3$; $V = 250\,cm^3 + 76{,}97\,cm^3 = 326{,}97\,cm^3$;
Das Volumen des zusammengesetzten Körpers beträgt $326{,}97\,cm^3$.
b) Von jedem Würfel sind fünf Quadratseiten zugänglich; also können insgesamt zehn Seiten angestrichen werden.

316) $V = x^3 + G \cdot h = x^3 + \pi \cdot \left(\frac{x}{2}\right)^2 \cdot x = x^3 + \frac{\pi}{4}x^3 = x^3 \cdot \left(1 + \frac{\pi}{4}\right)$

317 ●●○ Andere Größe – gleicher Umfang?

So gut war ich. ☺ 😐 ☹

Vergleiche den Umfang des großen Halbkreises mit der Summe der Umfänge von vier gleich großen Halbkreisen, deren Durchmesser alle zusammen so lang sind wie der Durchmesser des großen Halbkreises. Verwende konkrete Zahlen für die Durchmesser.

Hier sind zwei mögliche Skizzen.

oder

318 ●●○ Verhältnis von Flächeninhalt und Radius

So gut war ich. ☺ 😐 ☹

Wie verändert sich der Flächeninhalt eines Kreises, wenn sich

a) der Radius halbiert?

b) der Radius viertelt?

Verwende konkrete Zahlen für die Radien.

317) Beispiel: $d_{groß} = 8\,cm$, $d_{klein} = 2\,cm$; $\pi \cdot 8\,cm = 4 \cdot \pi \cdot 2\,cm$;
Der Umfang des großen Halbkreises ist genau so lang wie der Umfang der vier kleinen Halbkreise.

318) a) $r_{groß} = 4\,dm$, $A = \pi \cdot 16\,dm^2$; $r_{klein} = 2\,dm$, $A = \pi \cdot 4\,dm^2$; Der Flächeninhalt viertelt sich.
b) $r_{groß} = 4\,dm$, $A = \pi \cdot 16\,dm^2$; $r_{klein} = 1\,dm$, $A = \pi \cdot 1\,dm^2$; Der Flächeninhalt des kleinen Kreises ist $\frac{1}{16}$ so groß wie der des großen.

319 ●●○ Kennst du den Radius, dann kennst du alles

So gut war ich. ☺ 😐 ☹

Fülle die Tabelle für einen Kreis aus. Runde auf zwei Nachkommastellen.

	r	d	U	A
a)	4 cm			
b)		6 dm		
c)			24 mm	
d)				30,58 m2
e)			63 mm	
f)				105,68 m2

320 ●●○ Rote und blaue Pappkreise

So gut war ich. ☺ 😐 ☹

Auf eine rote kreisrunde Pappe mit $A = 18{,}09\,cm^2$ soll mittig ein blauer Kreis geklebt werden, dessen Radius nur ein Drittel so groß ist wie der Radius der roten Pappe.

Berechne den Umfang und den Flächeninhalt der blauen Pappe.

319) a) d = 8 cm, U = 25,13 cm, A = 50,27 cm²; **b)** r = 3 dm, U = 18,85 dm, A = 28,27 dm²; **c)** r = 3,82 mm, d = 7,64 mm, A = 45,84 mm²; **d)** r = 3,12 m, d = 6,24 m, U = 19,6 m; **e)** r = 10,03 mm, d = 20,05 mm, A = 315,73 mm²; **f)** r = 5,8 m, d = 11,6 m, U = 36,44 m.

320) 18,09 cm = πr^2; r_{rot} = 2,4 cm; r_{blau} = 0,8 cm; d_{blau} = 1,6 cm; U = 5,03 cm; A = 2,01 cm²

321 ●●○ Noch einmal Umfang und Flächeninhalt

So gut war ich.

Berechne Umfang und Flächeninhalt der Kreise K_1, K_2, K_3. Runde auf zwei Nachkommastellen.

Sei $r_1 = 1{,}4\,\text{cm}$. Der Radius r_2 von K_2 sei so groß wie der Durchmesser d_1 von K_1; der Radius r_3 von K_3 sei so groß wie der Durchmesser d_2 von K_2.

322 ●●○ Schneide Kreise aus

So gut war ich.

Eine Papierrolle ist 5 m lang und 60 cm breit. Aus dieser Rolle sollen möglichst viele Kreise mit $r = 28\,\text{cm}$ geschnitten werden.

a) Wie viele ganze Kreise ergeben sich?

b) Wie viel m^2 Papier bleiben übrig?

321) K_1: $r_1 = 1{,}4\,\text{cm}$, $d_1 = 2{,}8\,\text{cm}$, $A_1 = 6{,}16\,\text{cm}^2$, $U_1 = 8{,}8\,\text{cm}$;
K_2: $r_2 = 2{,}8\,\text{cm}$, $d_2 = 5{,}6\,\text{cm}$, $A_2 = 24{,}63\,\text{cm}^2$, $U_2 = 17{,}59\,\text{cm}$;
K_3: $r_3 = 5{,}6\,\text{cm}$, $d_3 = 11{,}2\,\text{cm}$, $A_3 = 98{,}52\,\text{cm}^2$, $U_3 = 35{,}19\,\text{cm}$

322) a) $\frac{500\,\text{cm}}{2 \cdot r} = \frac{500\,\text{cm}}{56\,\text{cm}} \approx 8$; Es können 8 Kreise ausgeschnitten werden.

b) $A_{Rolle} = 500\,\text{cm} \cdot 60\,\text{cm} = 30\,000\,\text{cm}^2$; $A_{Kreise} = 8 \cdot (\pi \cdot (28\,\text{cm})^2) = 19\,704{,}07\,\text{cm}^2$;
$A_{Rest} = 30\,000\,\text{cm}^2 - 19\,704{,}07\,\text{cm}^2 = 10\,295{,}93\,\text{cm}^2$; Es bleiben $1{,}03\,\text{m}^2$ Papier übrig.

323 ●●○ Ein Blumenmuster – eine Musterblume?

So gut war ich. ☺ 😐 ☹

Berechne alle Flächeninhalte der grauen Kreisflächen, der farbigen Kreisfläche und der weißen Flächen.

$d = r_i + 3r_i$ mit $r_i = 0{,}6\,cm$
(r_i = Radius des farbigen Kreises)

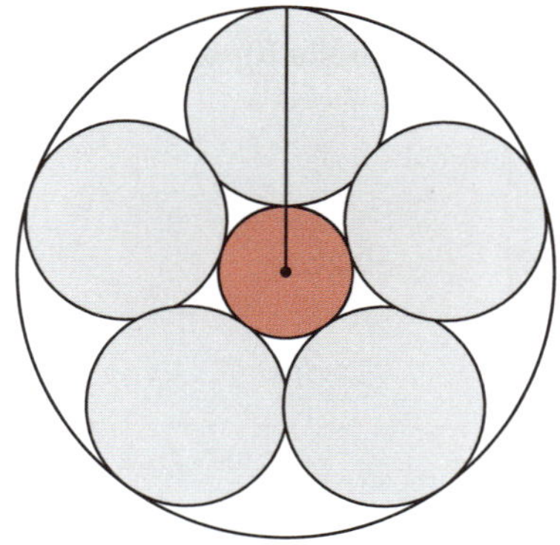

324 ●●○ Wie viel Zierdraht wird gebraucht?

So gut war ich. ☺ 😐 ☹

Für eine Kette werden Drahtkreise aneinander gelötet. Berechne die Menge des benötigten Drahtes (in cm), wenn sich die Kette folgendermaßen zusammensetzt:
18 kleine Drahtkreise mit $d_1 = 6\,mm$
8 mittelgroße Drahtkreise mit $d_2 = 9\,mm$
6 große Drahtkreise mit $d_3 = 13\,mm$
1 ganz großer Drahtkreis mit $d_4 = 19\,mm$

Gib die Zwischenergebnisse mit zwei Nachkommastellen an, das Endergebnis in vollen cm.

323) $A_{farbig} = 1{,}13\,cm^2$; $d_{grau} = 3\,r_i = 3 \cdot 0{,}6\,cm = 1{,}8\,cm$; $r_{grau} = 0{,}9\,cm$;
$A_{grau} = 2{,}54\,cm^2$; $5 \cdot A_{grau} = 12{,}7\,cm^2$; $A_{äußerer\ Kreis} = 18{,}10\,cm^2$;
$A_{weiß} = 18{,}10\,cm^2 - 1{,}13\,cm^2 - 12{,}7\,cm = 4{,}27\,cm^2$
Der Flächeninhalt des farbigen Kreises beträgt $1{,}13\,cm^2$, der eines grauen Kreises $2{,}54\,cm^2$.
Der Flächeninhalt der weißen Fläche beträgt $4{,}27\,cm^2$.

324) $U = 18U_1 + 8U_2 + 6U_3 + 1U_4$;
$d_1 = 6\,mm$, $U_1 = 18{,}85\,mm$, $18 \cdot U_1 = 339{,}3\,mm$; $d_2 = 9\,mm$, $U_2 = 28{,}27\,mm$, $8 \cdot U_2 = 226{,}16\,mm$;
$d_3 = 13\,mm$, $U_3 = 40{,}84\,mm$, $6 \cdot U_3 = 245{,}04\,mm$; $d_4 = 19\,mm$, $U_4 = 59{,}69\,mm$; $U_4 = 870{,}22\,mm \approx 87\,cm$;
Für die Kette werden ca. 87 cm Draht gebraucht.

325 ●●○ Zwei Größen sind bekannt – zwei sollst du berechnen

So gut war ich. ☺ 😐 ☹

Fülle die Tabelle für Kreisteile aus. Runde auf zwei Nachkommastellen.

	r	α	b	A
a)	0,2 cm	300°		
b)	5,4 dm		11,78 dm	
c)		190°		10,36 m
d)	14,3 mm			80,30 mm2
e)		67°		11,32 cm2

326 ●●○ Immer kleinere Kreisteile

So gut war ich. ☺ 😐 ☹

Berechne die Flächeninhalte und Bogenlängen aller Kreisteile, die abgebildet sind.

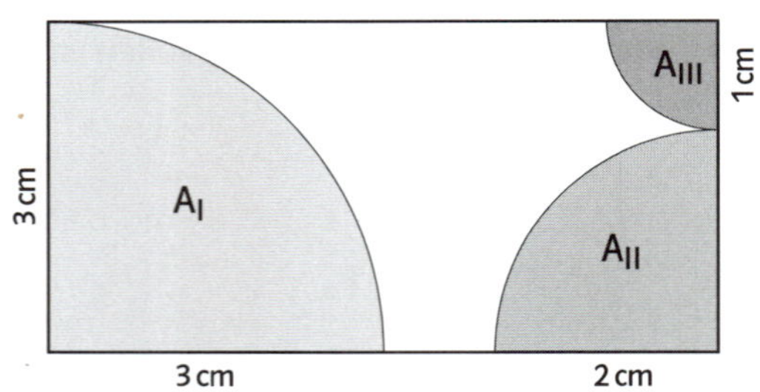

325) a) b = 1,05 cm, A = 0,10 cm²; **b)** α = 125°, A = 31,81 dm²; **c)** r = 2,5 m, b = 8,29 m, A = 10,36 m²;
d) α = 45°, b = 11,23 mm; **e)** r = 4,4 cm, b = 5,15 cm.

326) $A_I = \frac{\pi \cdot 9\,cm^2}{4} = 7{,}07\,cm^2$; $b_1 = 4{,}71\,cm$; $A_{II} = 3{,}14\,cm^2$; $b_2 = 3{,}14\,cm$; $A_{III} = 0{,}79\,cm^2$; $b_3 = 1{,}57\,cm$.

327 ●●○ Kreisteile im gleichmäßigen Sechseck

So gut war ich. ☺ 😐 ☹

Bestimme Flächeninhalte und Umfänge aller sechs Kreisteile in dem regelmäßigen Sechseck.

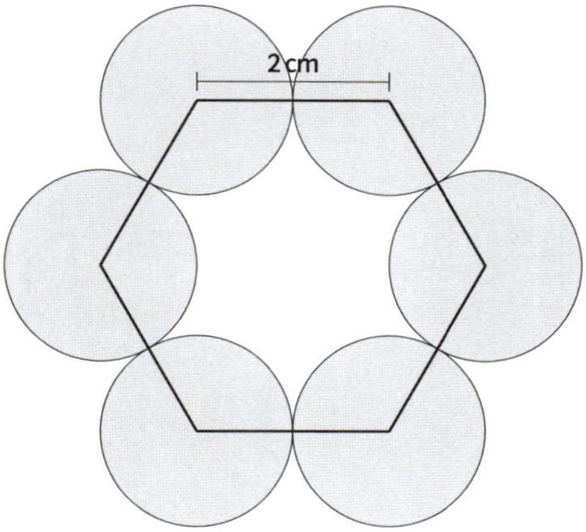

328 ●●○ Welche Fläche ist größer?

So gut war ich. ☺ 😐 ☹

Vergleiche die Summe der Flächeninhalte der dunklen Flächen mit dem Flächeninhalt der weißen Fläche.

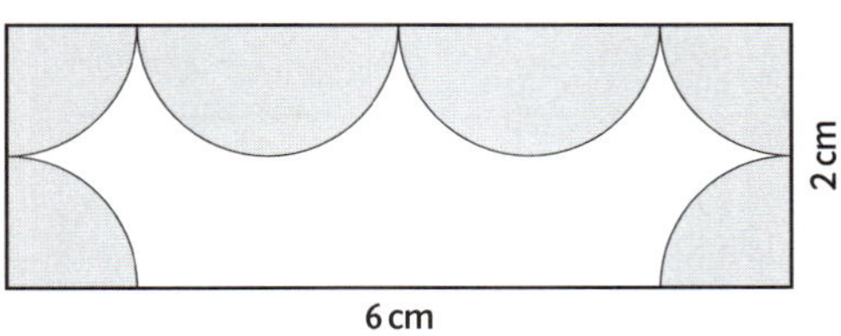

327) $A = 6\pi\,(1\,cm)^2 \cdot \frac{120°}{360°} = 6{,}28\,cm^2$; $b = 12 \cdot \pi \cdot 1\,cm \cdot \frac{120°}{360°} = 12{,}57\,cm^2$

328) $A_{weiß} = A_{Rechteck} - 2\,A_{Kreis} = 12\,cm^2 - 2\pi \cdot 1\,cm^2 = 12\,cm^2 - 6{,}28\,cm^2 = 5{,}72\,cm^2$. Der Flächeninhalt der weißen Fläche ist etwas kleiner.

329 ●●○ Unregelmäßiges Windrad

So gut war ich.

a) Berechne den Flächeninhalt aller Kreisteile zusammen.

b) Berechne die Umfänge aller „Flügel".

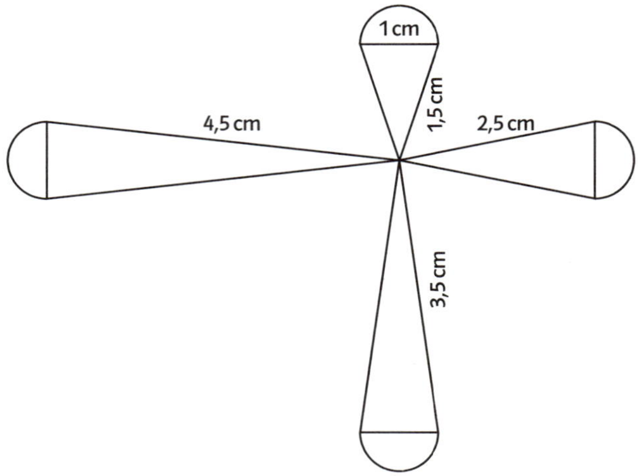

330 ●●○ So viele Teile sollst du berechnen

So gut war ich.

Berechne den Gesamtflächeninhalt aller gefärbten Flächen.

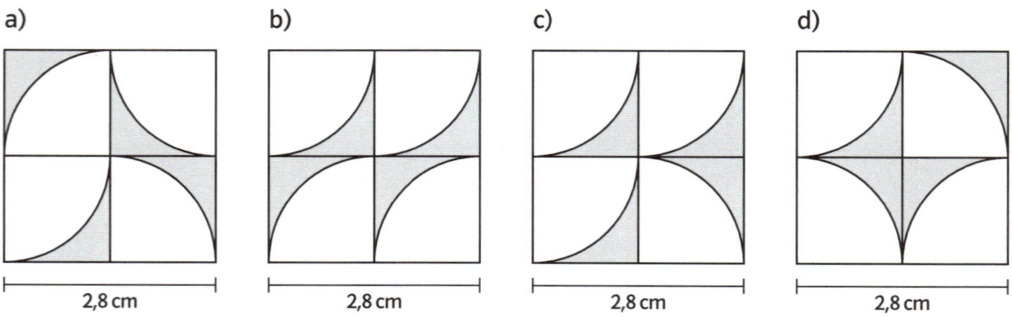

329) a) $2\pi(0{,}5\,\text{cm})^2 = 1{,}57\,\text{cm}^2$; **b)** $U_1 = 2\cdot 1{,}5\,\text{cm} + \frac{1}{2}\cdot 2\pi\cdot 0{,}5\,\text{cm} = 3\,\text{cm} + 1{,}57\,\text{cm} = 4{,}57\,\text{cm}$; $U_2 = 2\cdot 2{,}5\,\text{cm} + 1{,}57\,\text{cm} = 6{,}57\,\text{cm}$; $U_3 = 8{,}57\,\text{m}$; $U_4 = 10{,}57\,\text{cm}$.

330) $A = 4\cdot[(2{,}8\,\text{cm})^2 - \pi(1{,}4\,\text{cm})^2] = 4\cdot 1{,}68\,\text{cm}^2 = 6{,}72\,\text{cm}$

331 ●○○ Erster Strahlensatz

So gut war ich. ☺ 😐 ☹

Ermittle unbekannte Längen mittels des 1. Strahlensatzes.

a) 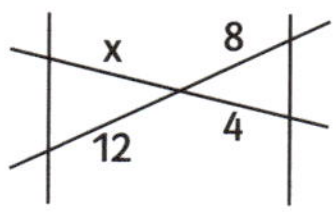

b) 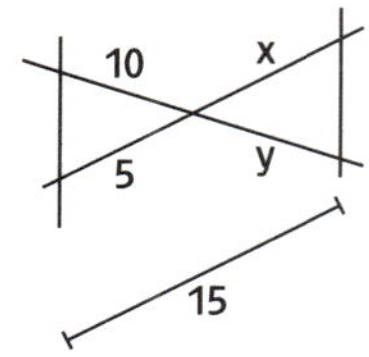

c) 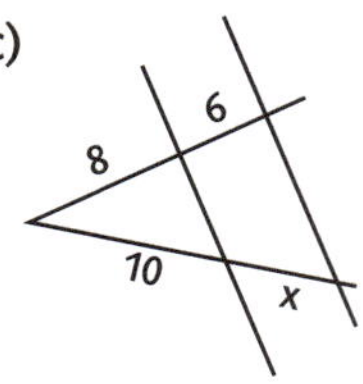

d) 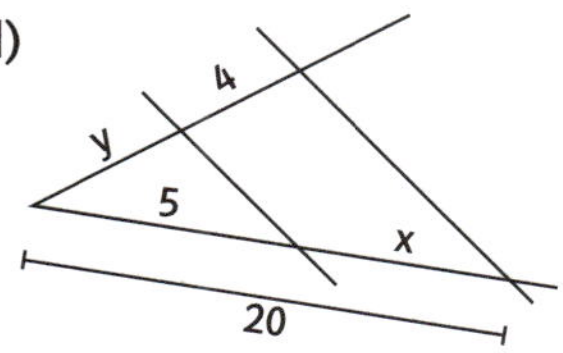

332 ●●○ Schon wieder erster Strahlensatz?

So gut war ich. ☺ 😐 ☹

Ermittle unbekannte Längen mittels des 1. Strahlensatzes.

a) 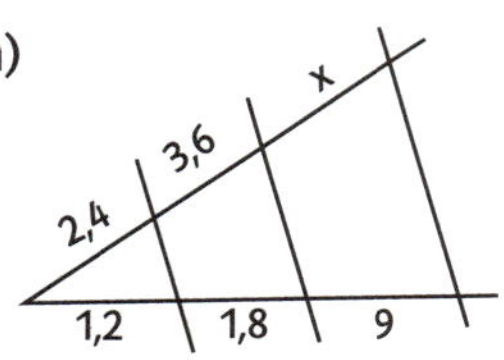

b) 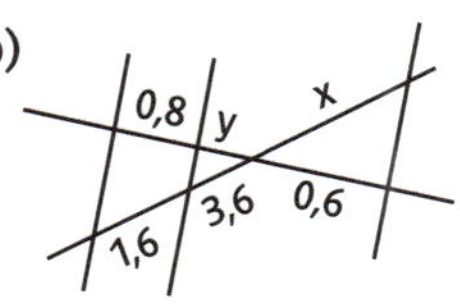

c) 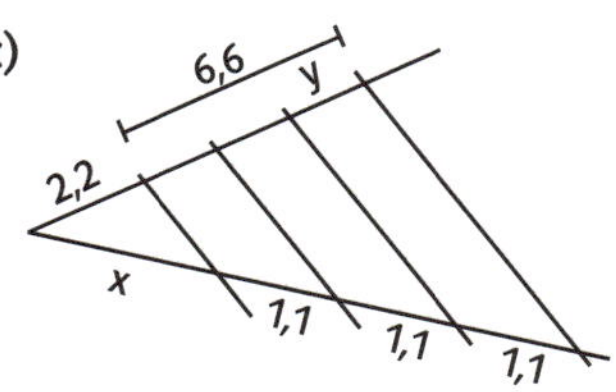

333 ●●● Und noch einmal der erste Strahlensatz

So gut war ich. ☺ 😐 ☹

Welche Längenverhältnisse sind jeweils gleich?

a) 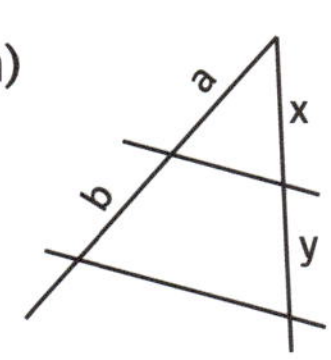

b) 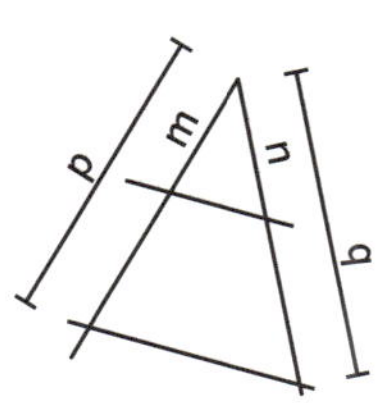

c) 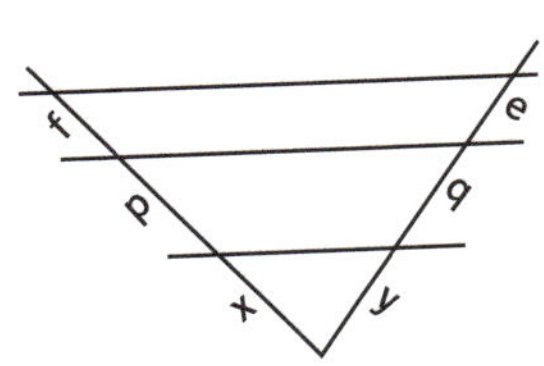

331) a) $\frac{x}{4} = \frac{12}{8}$, $x = 6$; **b)** $\frac{5}{x} = \frac{10}{y}$, $x = 15 - 5$; $\frac{5}{10} = \frac{10}{y}$, $y = 20$; **c)** $\frac{10}{x} = \frac{8}{6}$, $x = 7{,}5$; **d)** $\frac{5}{x} = \frac{y}{4}$, $x = 20 - 5$; $\frac{5}{15} = \frac{y}{4}$, $y = \frac{4}{3}$

332) a) $\frac{2{,}4}{1{,}2} = \frac{x}{9}$, $1{,}2x = 21{,}6$; $x = 18$ **b)** $\frac{0{,}8}{1{,}6} = \frac{y}{3{,}6}$, $1{,}6y = 2{,}88$; $y = 1{,}8$; $\frac{x}{0{,}6} = \frac{5{,}2}{2{,}6}$; $2{,}6x = 3{,}12$; $x = 1{,}2$
c) $\frac{x}{2{,}2} = \frac{3{,}3}{6{,}6}$, $6{,}6x = 7{,}26$; $x = 1{,}1$; $\frac{2{,}2}{1{,}1} = \frac{y}{1{,}1}$; $1{,}1y = 2{,}42$; $y = 2{,}2$

333) $\frac{a}{b} = \frac{x}{y}$ oder $\frac{a}{a+b} = \frac{x}{x+y}$; **b)** $\frac{m}{n} = \frac{p}{q}$; **c)** $\frac{x}{p} = \frac{y}{q}$ und $\frac{x+p}{f} = \frac{y+q}{e}$ oder $\frac{x}{x+p+f} = \frac{x}{y+q+e}$

334 ●○○ Zweiter Strahlensatz

So gut war ich. ☺ 😐 ☹

Ermittle unbekannte Längen mittels des 2. Strahlensatzes.

a)
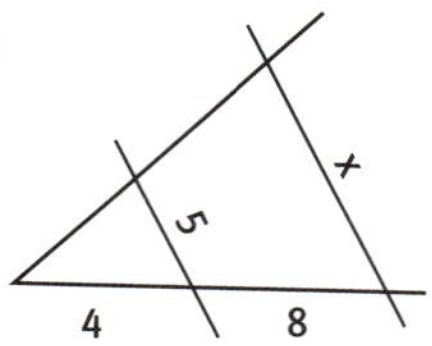

b)
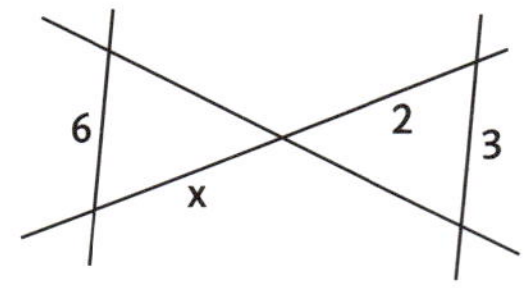

c)
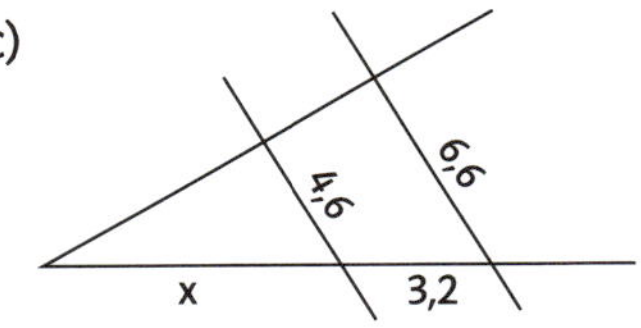

335 ●●○ Zweiter Strahlensatz zum zweiten Mal

So gut war ich. ☺ 😐 ☹

Ermittle unbekannte Längen mittels des 2. Strahlensatzes.

a)
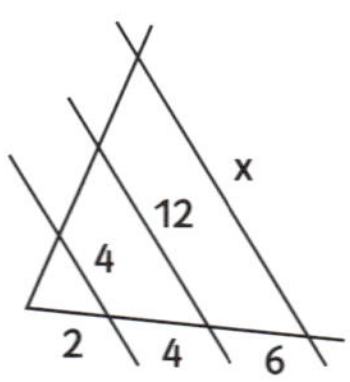

b)
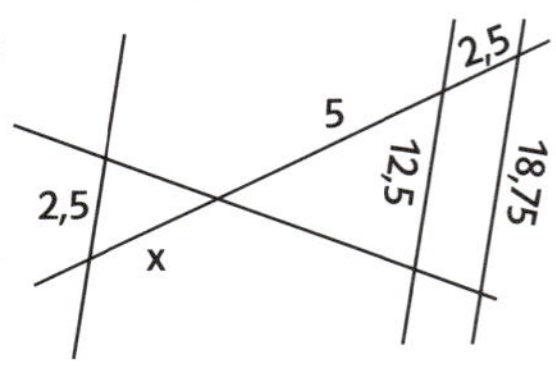

c)
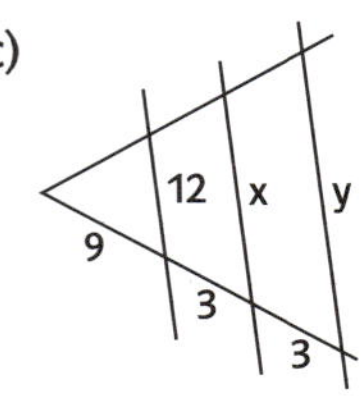

336 ●●● Und jetzt ein letztes Mal

So gut war ich. ☺ 😐 ☹

Ermittle unbekannte Längen mittels des 2. Strahlensatzes.

a)
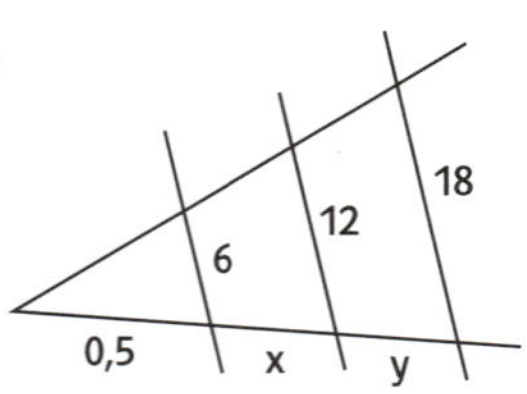

b)
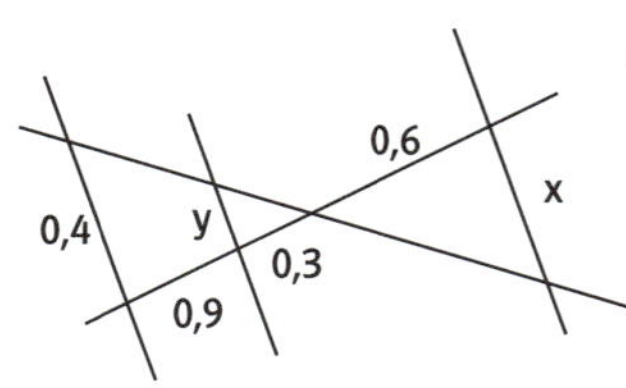

c)
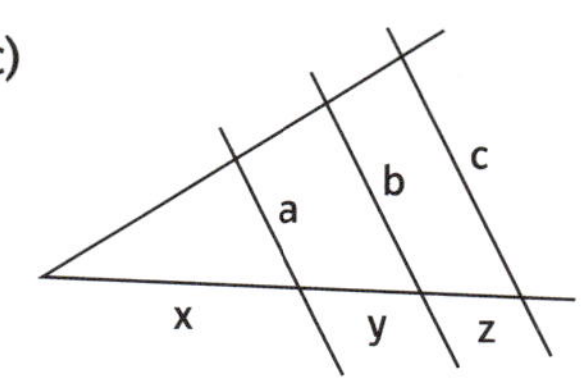

334) a) $\frac{4}{12} = \frac{5}{x}$, $4x = 60$, $x = 15$; **b)** $\frac{6}{3} = \frac{x}{2}$, $3x = 12$, $x = 4$; **c)** $\frac{4,6}{6,6} = \frac{x}{x+3,2}$, $6,6x = 4,6x + 14,72$, $x = 7,36$

335) a) $\frac{2}{4} = \frac{12}{x}$, $x = 24$ oder $\frac{6}{12} = \frac{12}{x}$, $x = 24$; **b)** $\frac{x}{2,5} = \frac{5}{12,5}$, $x = 1$ oder $\frac{2,5}{x} = \frac{18,75}{5+2,5}$;

c) $\frac{9}{12} = \frac{12}{x}$, $x = 16$; $\frac{9}{12} = \frac{15}{y}$, $9y = 180$, $y = 20$ oder $\frac{12}{16} = \frac{15}{y}$, $12y = 240$, $y = 20$

336) a) $\frac{0,5}{6} = \frac{0,5+x}{12}$, $x = 0,5$; $\frac{1}{12} = \frac{1+y}{18}$, $y = 0,5$ **b)** $\frac{0,3}{y} = \frac{1,2}{0,4}$, $y = 0,1$; $\frac{0,3}{0,6} = \frac{0,1}{x}$, $x = 0,2$; **c)** $\frac{x}{a} = \frac{x+y}{b}$ und $\frac{x+y}{b} = \frac{x+y+z}{c}$

337 ●●○ Komplizierte Suche

So gut war ich.

Ergänze unter Verwendung der Strahlensätze. Fülle dazu die Lücken in den Seitenverhältnissen aus. Schreibe jeweils den entsprechenden Strahlensatz (1) oder (2) dahinter.

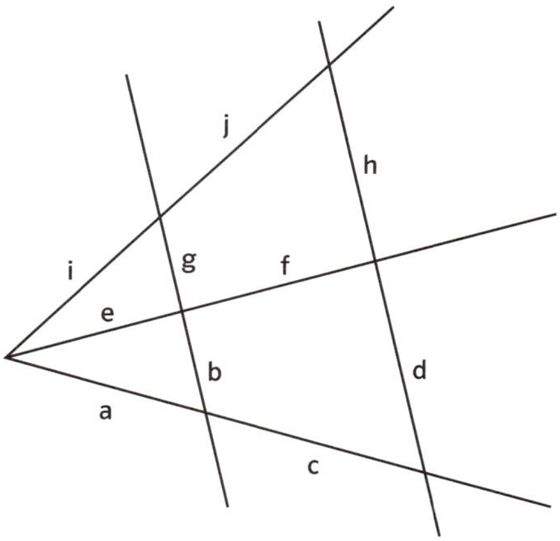

a) $\frac{a}{b} = \frac{\_\_\_\_}{d}$ (____)

b) $\frac{a}{e} = \frac{a+c}{\_\_\_\_}$ (____)

c) $\frac{i}{g} = \frac{i+j}{\_\_\_\_}$ (____)

d) $\frac{e}{i} = \frac{\_\_\_\_}{i+j}$ (____)

e) $\frac{a}{b+g} = \frac{a+c}{\_\_\_\_}$ (____)

338 ●●○ Hier wird es noch verwirrender

So gut war ich.

Ergänze unter Verwendung der Strahlensätze. Fülle dazu die Lücken in den Seitenverhältnissen aus.

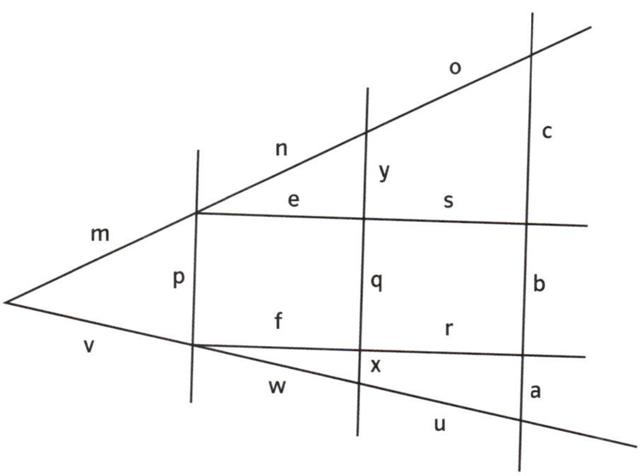

a) $\frac{m}{p} = \frac{m+n}{\_\_\_\_}$

b) $\frac{v+w}{y+q+x} = \frac{\_\_\_\_}{a+b+c}$

c) $\frac{n}{y} = \frac{n+o}{\_\_\_\_}$

d) $\frac{f}{w} = \frac{\_\_\_\_}{w+u}$

e) $\frac{e}{y} = \frac{\_\_\_\_}{c}$

338) a) x+q+y; **b)** v+w+u; **c)** c; **d)** f+r; **e)** e+s.

337) a) a+c, (2); **b)** e+f, (1); **c)** h, (2); **d)** e+f, (1); **e)** d+h, (2).

339 ●●○ Auf einer kleinen Insel …

So gut war ich. ☺ 😐 ☹

Berechne die Höhe des kleinen Leuchtturmes.

Ein recht kleiner Leuchtturm steht genau in der Mitte einer ebenfalls kleinen Insel, die 3,5 km vom Ufer entfernt liegt. Die Insel hat einen Durchmesser von 4,8 km. Moritz steht am Festlandufer und möchte wissen, wie hoch der Leuchtturm ist. Er kennt die Entfernungen und auch die Höhe der Mauerreste, die von der einstigen Befestigungsmauer der Insel erhalten sind. Die Mauer hatte eine Höhe von 10 m.

Fertige eine Skizze auf einem Extra-Blatt an.

340 ●●○ Trifft er genau ins Schwarze?

So gut war ich. ☺ 😐 ☹

Berechne die Höhe des Stabes.

Auf einer Kirmes ist eine riesige Wurfscheibe mit einem Durchmesser von 10 m aufgestellt. Kirmesbesucher, die mit einem gezielten Wurf in den schwarzen Mittelpunkt einen Hauptgewinn erzielen wollen, stehen 8 m entfernt von der Scheibe. Damit der Schütze überhaupt eine reelle Chance hat, sollte er die Spitze eines Stabes anpeilen, der 5 m von ihm entfernt in Richtung Wurfscheibe aufgestellt ist. Der Stab dient zur Orientierung, da es durch die Flugbahn des Balles zu einer Abweichung kommt.

Trage in die Zeichnung alle Bezeichnung und Größen ein.

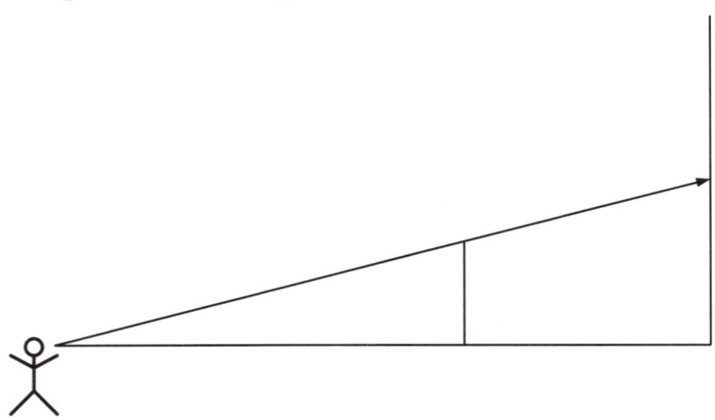

339) Skizze

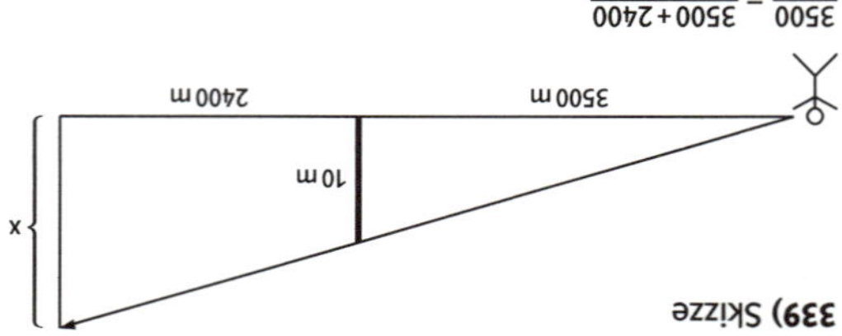

$\frac{3500}{10} = \frac{3500+2400}{x}$

$x \approx 16,9$

Der Leuchtturm ist ca. 16,9 m hoch.

340)

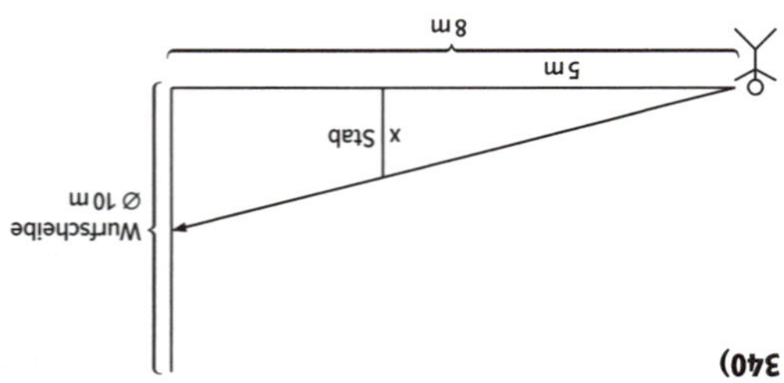

$\frac{x}{5} = \frac{5}{8}$; $x = 3,125$

Der Stab hat eine Höhe von 3,125 m.

341 ●○○ Jetzt geht's ums Strecken

So gut war ich.

Erstelle eine maßstabsgetreue Zeichnung.

Sei Z der Schnittpunkt der Diagonalen eines Quadrates mit der Seitenlänge $a = 1{,}5\,\text{cm}$. Strecke dieses Quadrat an Z mit dem Streckungsfaktor 2. Strecke anschließend das gestreckte Quadrat nochmals um den Streckungsfaktor 1,5. Verwende ein Extra-Blatt Papier für die Zeichnung.

342 ●●○ Strecke eine Figur

So gut war ich.

Strecke die Figur an Z um den Faktor −1.

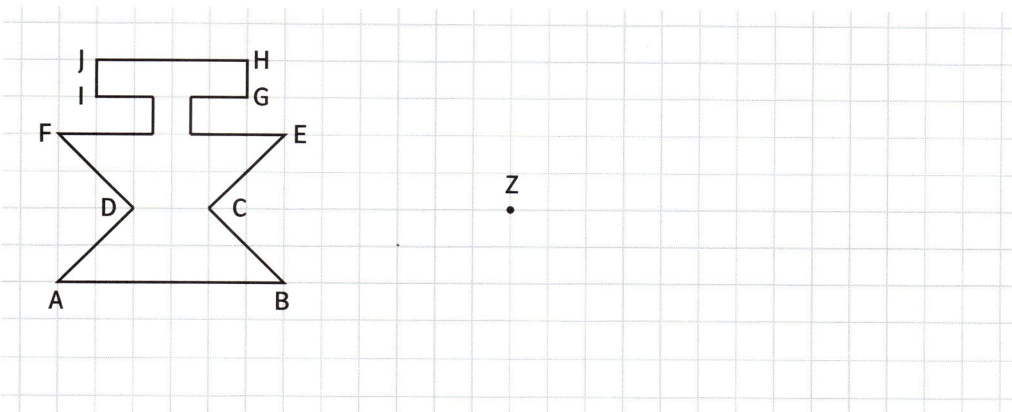

342)

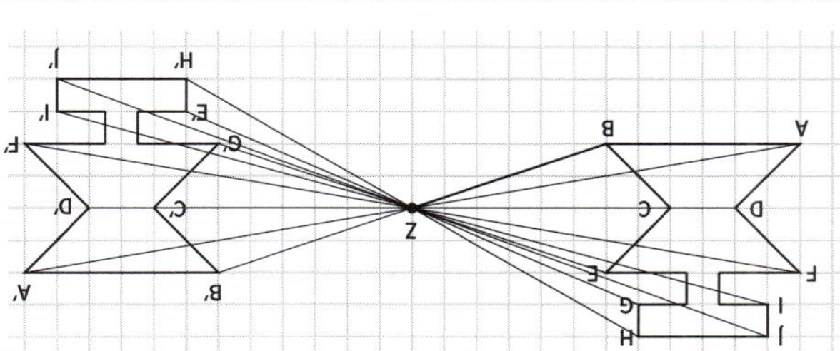

341)

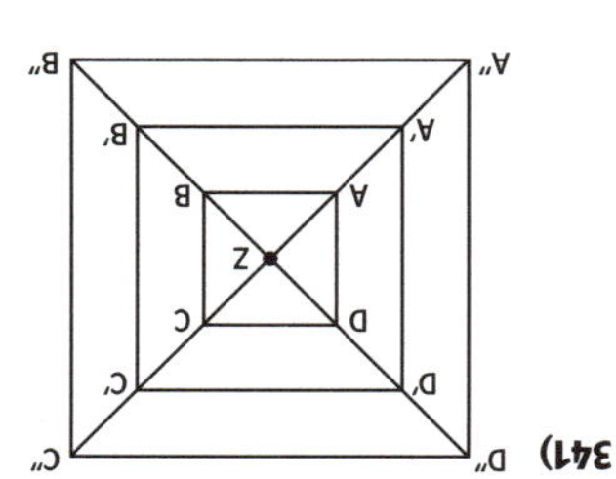

343 ●●○ Schon wieder strecken

So gut war ich. ☺ 😐 ☹

Strecke die Figur an Z um den Faktor −1,5.

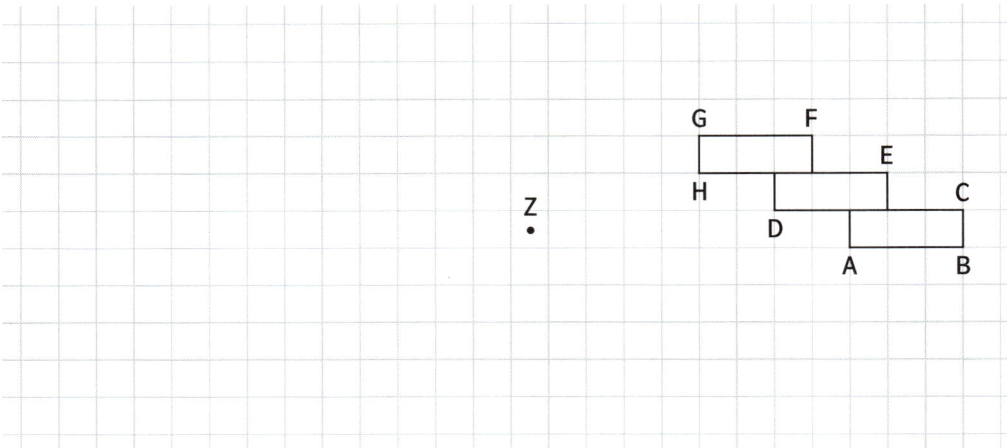

344 ●●○ Und ein letztes Mal strecken

So gut war ich. ☺ 😐 ☹

Strecke die Figur an Z um den Faktor 0,5.

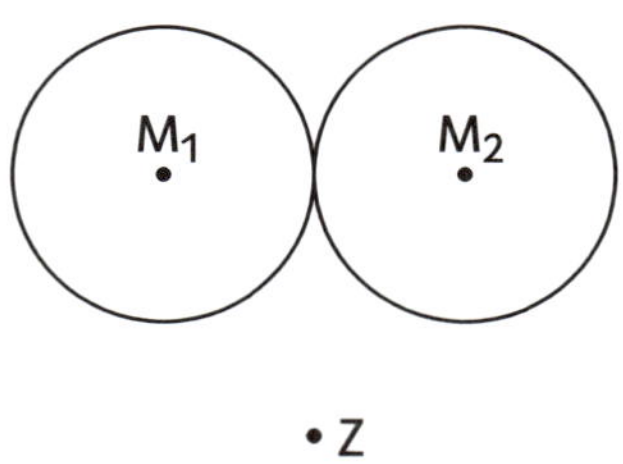

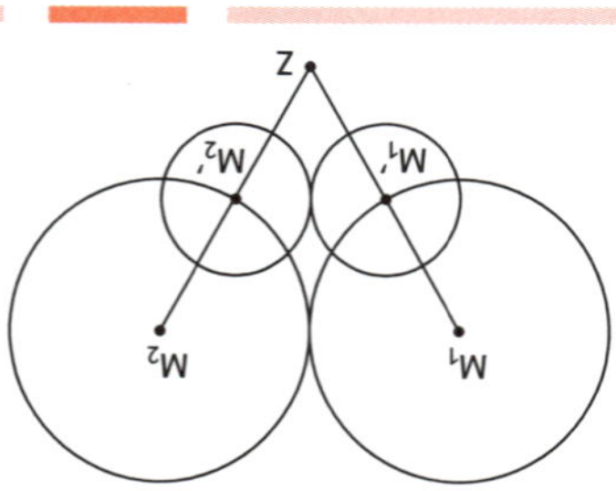

342)

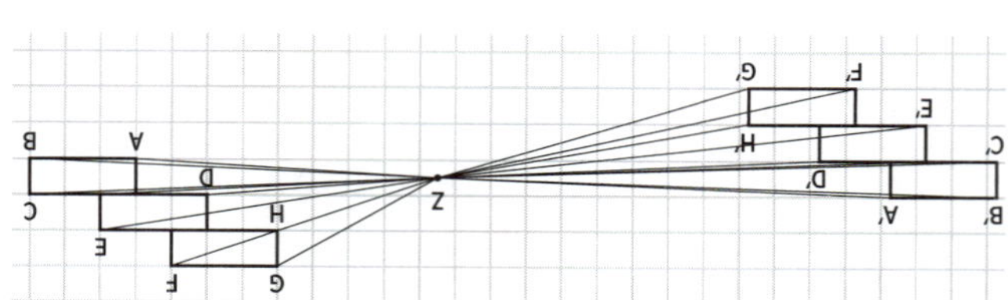

341)

345 ●○○ Ähnliche Figuren

So gut war ich. ☺ 😐 ☹

Betrachte die Abbildungen oder Beschreibungen und beantworte die Fragen.

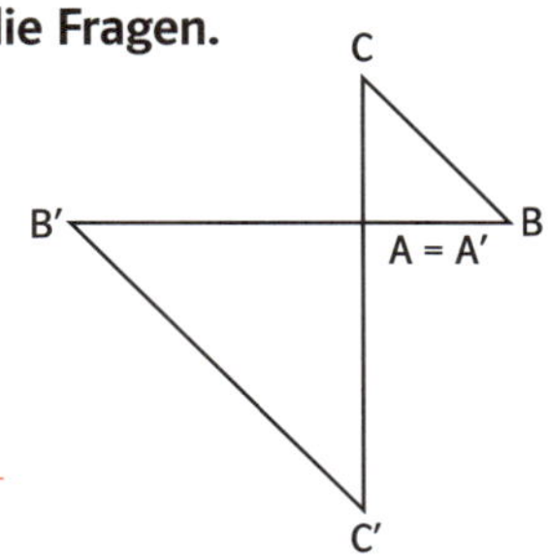

a) Wie ergibt sich das Dreieck A′B′C′ aus dem Dreieck ABC?

____

b) Wie geht ein Kreis mit $r = 6\,dm$ aus dem konzentrischen Kreis mit $r = 4\,dm$ hervor?

____

c) Wie verhalten sich die beiden Sterne zueinander?

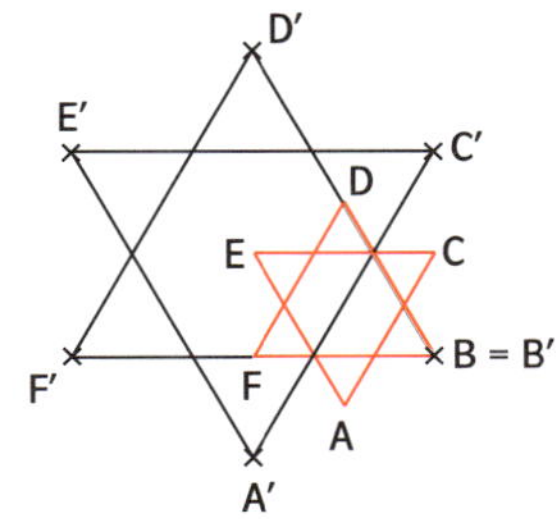

____

346 ●○○ Ähnliche Dreiecke

So gut war ich. ☺ 😐 ☹

Untersuche auf Ähnlichkeit mithilfe der Ähnlichkeitssätze.

a) $a_1 = 1{,}2\,cm$, $b_1 = 5{,}6\,cm$, $c_1 = 4{,}17\,cm$
$a_2 = 2{,}4\,cm$, $b_2 = 11{,}2\,cm$, $c_2 = 8{,}34\,cm$ ________

b) $c_1 = 3{,}5\,cm$, $\alpha_1 = 39°$, $\beta_1 = 61°$
$c_2 = 7{,}2\,cm$, $\alpha_2 = 39°$, $\beta_2 = 62°$ ________

c) $\beta_1 = 72°$, $a_1 = 0{,}8\,cm$, $c_1 = 3{,}5\,cm$
$\beta_2 = 72°$, $a_2 = 2{,}4\,cm$, $c_2 = 10{,}5\,cm$ ________

d) $b_1 = 11\,dm$, $c_1 = 13\,dm$, $\gamma_1 = 110°$
$b_2 = 16{,}5\,dm$, $c_2 = 19{,}5\,dm$, $\gamma_2 = 120°$ ________

346) a) ja; **b)** nein; **c)** ja; **d)** nein

345) a) Durch Streckung an A mit $k = -2$; **b)** Durch Streckung an M mit $k = 1{,}5$; **c)** Durch Streckung an B mit $k = 2$

So gut war ich.

347 ●○○ Sortieren und ordnen

Sortiere die Werte der Urliste so, dass eine Rangliste entsteht. Bestimme Mittelwert und Zentralwert. Runde auf zweite Nachkommastelle.

a) 3, 7, 6, 9, 2, 4, 0, 8, 7, 5, 2, 3, 4, 8, 7, 9, 2

b) 12, 34,16, 22, 31, 21, 45, 32, 44, 51, 25, 35, 34, 26, 27, 43

c) 1,23; 1,65; 1,55; 1,46; 1,77; 1,87; 1,67; 1,56; 1,69; 1,79;

So gut war ich.

348 ●○○ Hier fehlen Werte

Bestimme die fehlenden Werte.

	Minimum	Maximum	Spannweite	unteres Quartil	oberes Quartil	Quartil-abstand
a)	15		33		36	10
b)		1,99	1,23	0,99		0,67
c)	1212	2003		1544	1868	

347) a) 0, 2, 2, 2, 3, 3, 4, 4, 5, 6, 7, 7, 7, 8, 8, 9, 9; Zentralwert: 5; Mittelwert: 5,066; **b)** 12, 16, 21, 22, 25, 26, 27, 31, 32, 34, 34, 35, 43, 44, 45, 51; Zentralwert: 31,5; Mittelwert: 31,13; **c)** 1,23; 1,46; 1,55; 1,56; 1,65; 1,67; 1,69; 1,77; 1,79; 1,87; Zentralwert: 1,66; Mittelwert: 1,62

348) a) Maximum = 48; unteres Quartil = 26; **b)** Minimum = 0,76; oberes Quartil = 1,66; **c)** Spannweite = 791; Quartilabstand = 324

349 ●●○ Wie viele Omas und Opas haben die Kinder?

So gut war ich.

In einem Kindergarten wird erfragt, wie viele Großelternteile die Kinder haben.
Die Befragung von 20 Kindern ergab folgende Aussagen.

3, 4, 2, 1, 0, 3, 2, 4, 1, 2, 3, 4, 5, 3, 2, 6, 0, 2, 3, 4

Werte die Liste aus und mache statistische Aussagen über die Anzahl der Großelternteile. Berechne u.a. den Mittelwert. Runde auf eine Nachkommastelle. Interpretiere die Zahlen 5 und 6.

350 ●●○ Wie viele Kinder und Enkel haben die Senioren?

So gut war ich.

Bei einer Befragung im Kreis von zwölf 70- bis 80-jährigen kamen folgende Ergebnisse heraus.

Kinder: 3, 1, 5, 4, 6, 3, 2, 4, 0, 3, 4, 5

Enkelkinder: 0, 8, 9, 7, 5, 6, 4, 5, 8, 7, 5, 10

Werte die Listen aus und mache statistische Aussagen über die Anzahl der Kinder und Enkelkinder. Berechne u.a. den Mittelwert. Runde auf eine Nachkommastelle. Erkläre an einem Beispiel, warum die Anzahl der Enkelkinder offensichtlich größer ist als die der Kinder.

349) 0,0,1,1,2,2,2,2,2,3,3,3,3,3,4,4,4,4,5,6; M = 2,7. Die befragten Kinder haben durchschnittlich knapp drei Großelternteile. Diejenigen, die keine Großeltern oder nur ein Großelternteil haben, fallen aus der Norm heraus, ebenso die mit 5 oder 6 Großelternteilen. Letzteres kann passieren, wenn z.B. durch Stiefelternteile weitere Großeltern hinzukommen.

350) Kinder: 0,1,2,3,3,3,4,4,4,5,5,6; M = 3,3; Enkel: 0,4,5,5,5,6,7,7,8,8,9,10; M = 6,2. Diejenigen Senioren, die keine oder höchstens zwei Kinder oder auch sechs Kinder haben, fallen aus der Norm heraus. Durchschnittlich hatte diese Generation drei Kinder oder sogar mehr.
Wenn man z.B. zwei Kinder hat und diese jeweils wieder zwei Kinder bekommen, so sind es schon vier Enkelkinder.

351 ●○○ Gehst du auch zu Fuß?

So gut war ich.

Ermittle aus den angegebenen relativen Häufigkeiten die absoluten.

33 Schüler einer Klasse gehen zu Fuß zur Schule, fahren mit dem Rad oder dem Mofa, werden mit dem Auto gebracht, nehmen den Bus, den Zug oder die Straßenbahn.

Fuß	Rad	Mofa	Auto	Bus	Zug	Straßenbahn
18,18 %	15,15 %	12,12 %	27,27 %	15,15 %	3,03 %	9,09 %

352 ●●○ Welche Kleidergröße wird getragen?

So gut war ich.

Von 35 Frauen wurde die jeweils gekaufte Kleidergröße registriert.

42 / 38 / 44 / 36 / 34 / 40 / 42 / 40 / 48 / 50 / 52 / 40 / 56 / 46 / 40 / 42 / 46 / 38 /
48 / 36 / 40 / 42 / 44 / 46 / 44 / 40 / 52 / 48 / 54 / 42 / 40 / 44 / 48 / 58 / 60

Erstelle eine Rangliste, ermittle Mittelwert, Median, Minimum, Maximum, Spannweite, unteres Quartil, oberes Quartil. Zeichne einen Boxplot.

351) Fuß = 6; Rad = 5; Mofa = 4; Auto = 9; Bus = 5; Zug = 1; Straßenbahn = 3

352) 1 × 34; 2 × 36; 2 × 38; 7 × 40; 5 × 42; 4 × 44; 3 × 46; 4 × 48; 1 × 50; 2 × 52; 1 × 54; 1 × 56; 1 × 58; 1 × 60;
Minimum: 34; Maximum: 60; Spannweite: 26; Median: 44; Mittelwert: 44,57;
unteres Quartil: 40; oberes Quartil: 48

353 ●●○ Boxplots kennst du bestimmt

So gut war ich. ☺ 😐 ☹

Bei 20 ausgewählten Personen wird der Intelligenzquotient (IQ) gemessen. Als Testergebnisse ergeben sich:

110 / 120 / 105 / 125 / 97 / 106 / 133 / 110 / 122 / 112 /
100 / 109 / 98 / 95 / 104 / 107 / 114 / 118 / 99 / 102

Erstelle einen Boxplot. Bestimme dazu Minimum, Maximum, Spannweite, Mittelwert, Median, unteres Quartil, oberes Quartil.

354 ●●○ Bist du glücklich?

So gut war ich. ☺ 😐 ☹

Es werden 27 Leute auf der Straße befragt, wie glücklich sie sind. Sie dürfen auf einer Skala von 1 – 8 (sehr unglücklich – total glücklich) einen Wert ankreuzen.

	1	2	3	4	5	6	7	8
absolute Häufigkeit	0	2	5	6	7	4	2	1
relative Häufigkeit								

a) Ermittle die prozentuale Häufigkeit auf eine Nachkommastelle genau.
b) Berechne den Mittelwert.
c) Gib den Median an.
d) Gib den Modalwert an.

353) Rangfolge der Werte: 95 / 97 / 98 / 99 / 100 / 102 / 104 / 105 / 106 / 107 / 109 / 110 / 110 / 112 / 114 / 118 / 120 / 122 / 125 / 133; Minimum: 95; Maximum: 133; Spannweite: 38;

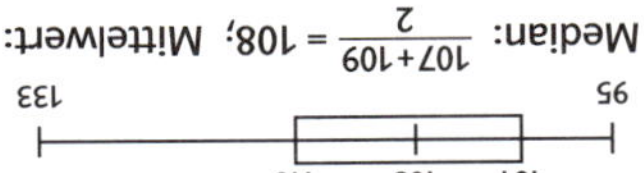

Median: $\frac{107+109}{2} = 108$; Mittelwert: $\frac{2186}{20} = 109{,}3$; unteres Quartil: 101; oberes Quartil: 116

354) a) Relative Häufigkeit: 0 %; 7,4 %; 18,5 %; 22 %; 25,9 %; 14,8 %; 7,4 %; 3,7 %; **b)** Mittelwert: $\frac{124}{27} \approx 4{,}6$; **c)** Median: 5; **d)** Modalwert: 5

355 ●○○ Experimente am Glücksrad I

So gut war ich. ☺ 😐 ☹

Das Glücksrad wird ein Mal gedreht.

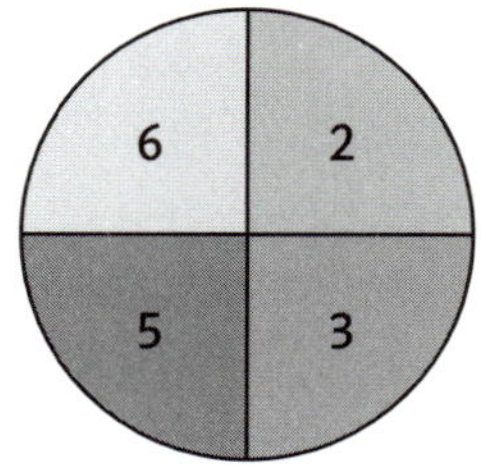

Wie groß ist die Wahrscheinlichkeit für

a) Augenzahl ≧ 5 ______________________

b) Augenzahl > 5 ______________________

c) eine gerade Zahl ______________________

d) für eine ungerade Zahl < 5 ______________________

356 ●○○ Experimente am Glücksrad II

So gut war ich. ☺ 😐 ☹

Das Glücksrad wird zwei Mal gedreht.

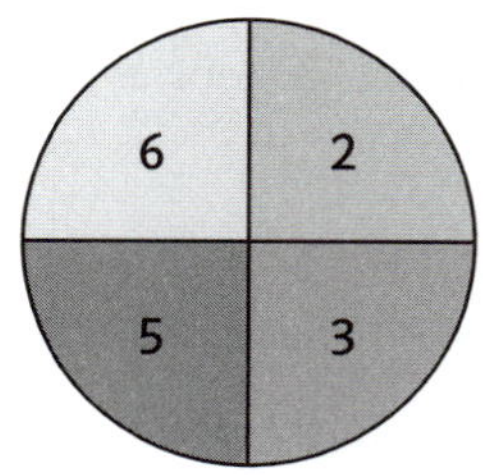

Wie groß ist die Wahrscheinlichkeit für

a) Augensumme 8 ______________________

b) für Augensumme > 8 ______________________

c) für eine gerade Zahl und dann eine ungerade Zahl ______________________

d) für zwei gleiche Zahlen ______________________

355) a) $\frac{1}{2}$; **b)** $\frac{1}{4}$; **c)** $\frac{1}{2}$; **d)** $\frac{1}{4}$

356) a) P{(2|6), (6|2), (3|5), (5|3)} = $\frac{1}{4}$; **b)** P{(3|6), (6|3), (5|6), (6|5), (5|5), (6|6)} = $\frac{3}{8}$;
c) P{(2|3), (2|5), (6|3), (6|5)} = $\frac{1}{4}$; **d)** P{(2|2), (3|3), (5|5), (6|6)} = $\frac{1}{4}$

So gut war ich.

357 ●●○ Experimente am Glücksrad III

Das Glücksrad wird zwei Mal gedreht.

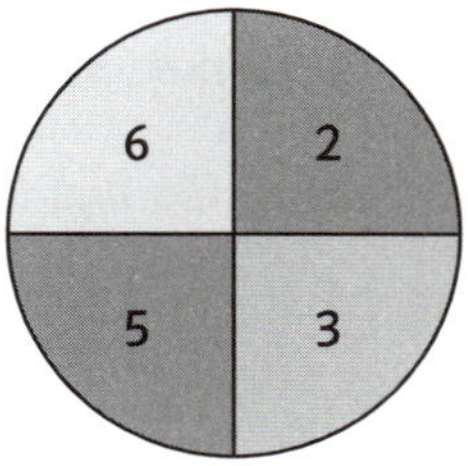

Schreibe die jeweils zugehörige Ereignismenge auf und die Wahrscheinlichkeit für

a) Augenzahl hell gerade und dunkel ungerade ______________________

b) Augensumme ungerade und dunkel ______________________

c) Augensumme ungerade und hell ______________________

d) Augenprodukt gerade und hell ______________________

So gut war ich.

358 ●●○ Experimente am Glücksrad IV

Das Glücksrad wird ein Mal gedreht.

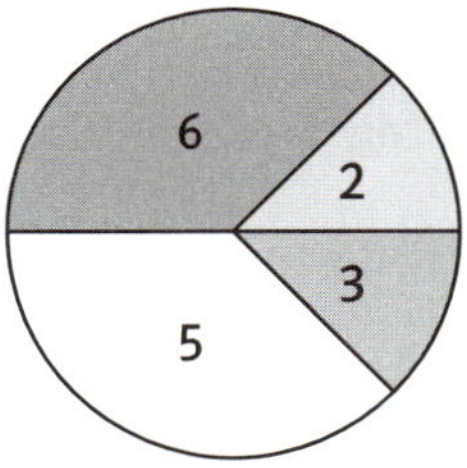

Wie groß ist die Wahrscheinlichkeit für

a) Zahlen < 4 ______________________

b) für Zahlen ≧ 3 ______________________

c) für ungerade Zahlen ______________________

d) für gerade Zahlen ≦ 2 ______________________

358) a) P(2|3) = $\frac{1}{4}$; **b)** P(3|5|6) = $\frac{7}{8}$; **c)** P(3|5) = $\frac{1}{2}$; **d)** P(2) = $\frac{1}{8}$

357) a) P{(6|5), (5|6)} = $\frac{1}{8}$; **b)** P{(2|3), (3|2)} = $\frac{1}{8}$; **c)** P{ } = 0; **d)** P{(3|2), (2|3)} = $\frac{1}{8}$

359 ●●○ Experimente am Glücksrad V

So gut war ich. ☺ 😐 ☹

Das Glücksrad wird zwei Mal gedreht.

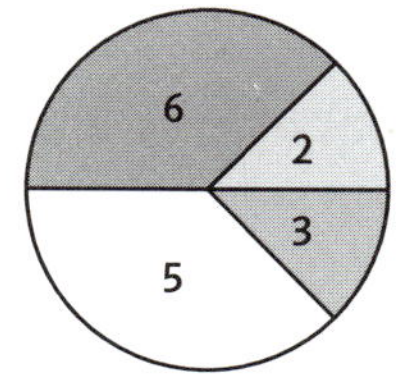

a) Zeichne ein Baumdiagramm (auf ein Extra-Blatt).

Wie groß ist die Wahrscheinlichkeit für

b) gleiche Augenzahl __________

c) Augensumme 9 __________

d) Augensumme 5 __________

360 ●●○ Experimente am Glücksrad VI

So gut war ich. ☺ 😐 ☹

Das Glücksrad wird zwei Mal gedreht.

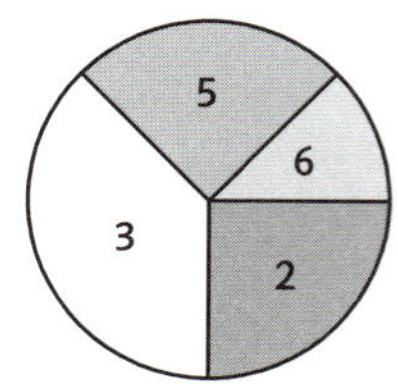

a) Gib die Ergebnismenge an.

b) Schreibe zu den folgenden Ereignissen zunächst jeweils die Ereignismenge und dann die Wahrscheinlichkeit auf.

c) Augensumme ≦ 6 __________

d) erst gerade und dann ungerade Zahl __________

359) a) ; **b)** P{(2|2), (3|3), (5|5), (6|6)} = $\frac{5}{16}$; **c)** P{(3|6), (6|3)} = $\frac{3}{32}$; **d)** P{(2|3), (3|2)} = $\frac{1}{32}$

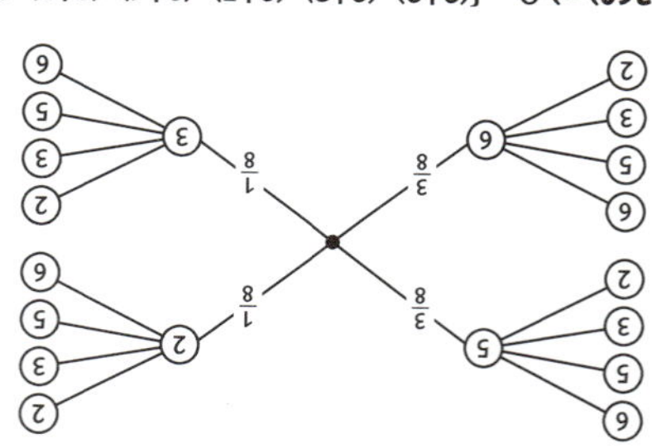

360) a) Ω = {(2|2), (2|3), (2|5), (2|6), (3|2), (3|3), (3|5), (3|6), (5|2), (5|3), (5|5), (5|6), (6|2), (6|3), (6|5), (6|6)};
b) P(2|2) = $\frac{1}{16}$; P(2|3) = P(3|2) = $\frac{3}{32}$; P(2|5) = P(5|2) = $\frac{1}{16}$; P(2|6) = P(6|2) = $\frac{1}{32}$; P(3|3) = $\frac{9}{64}$;
P(3|5) = P(5|3) = $\frac{3}{32}$; P(3|6) = P(6|3) = $\frac{3}{64}$; P(5|6) = P(6|5) = $\frac{1}{32}$; P(5|5) = $\frac{1}{16}$; P(6|6) = $\frac{1}{64}$;
c) P{(2|3), (3|2)} = $\frac{3}{16}$; P{(2|2)} = $\frac{1}{16}$; P{(3|3)} = $\frac{9}{64}$; P{(2|3), (3|2), (2|2), (3|3)} = $\frac{25}{64}$;
d) P{(2|3), (2|5), (6|3), (6|5)} = $\frac{15}{64}$

361 ●●○ Experimente am Glücksrad VII

So gut war ich.

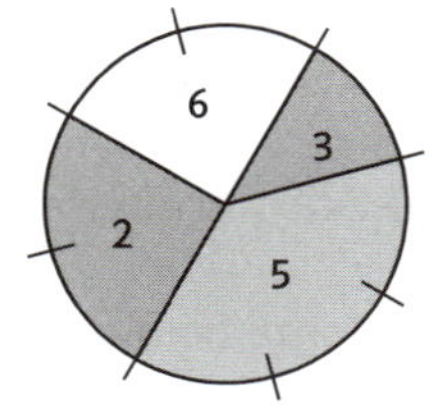

Das Glücksrad wird zwei Mal gedreht.

Wie groß ist die Wahrscheinlichkeit für

a) Augensumme durch 2 teilbar

b) Augenprodukt durch 2 teilbar

c) Augenprodukt > 6

d) Augenprodukt ungerade

362 ●●○ Experimente am Glücksrad VIII

So gut war ich.

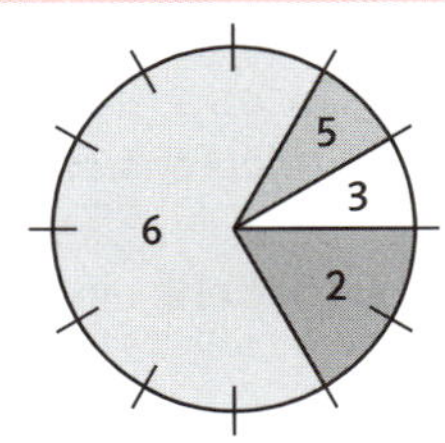

Das Glücksrad wird zwei Mal gedreht.

Wie groß ist die Wahrscheinlichkeit für

a) Augenprodukt zwischen 12 und 18

b) Augenprodukt ≦ 10

c) Augensumme > 10

d) Augenprodukt durch 3 teilbar.

361) a) P{(2|6), (6|2), (3|5), (5|3), (2|5), (5|2), (3|3), (5|5), (2|2), (6|6)} = $\frac{11}{16}$; **b)** P{(2|2), (2|3), (3|2), (2|5), (5|2), (2|6), (6|2), (6|6)} = $\frac{1}{2}$; **c)** P{(2|5), (5|2), (2|6), (6|2), (3|3), (3|5), (5|3), (3|6), (6|3), (5|5), (5|6), (6|5), (6|6)} = $\frac{7}{8}$; **d)** P{(3|3), (3|5), (5|3), (5|5)} = $\frac{1}{4}$

362) a) P{(2|6), (6|2), (3|5), (5|3), (3|6), (6|3)} = $\frac{25}{72}$; **b)** P{(2|2), (2|3), (3|2), (3|3), (2|5), (5|2)} = $\frac{13}{144}$; **c)** P{(5|6), (6|5), (6|6)} = $\frac{5}{9}$; **d)** P{(2|3), (3|2), (3|3), (2|6), (6|2), (3|5), (5|3), (3|6), (6|3), (5|6), (6|5), (6|6)} = $\frac{135}{144}$ = $\frac{15}{16}$

363 ●●○ Experimente am Glücksrad IX

So gut war ich.

Das Glücksrad wird drei Mal gedreht.

a) Zeichne ein Baumdiagramm (auf ein Extra-Blatt).

b) Schreibe die Ergebnismenge auf.

Wie groß ist die Wahrscheinlichkeit für

c) drei Mal Gewinn

d) drei Mal Niete

364 ●●○ Experimente am Glücksrad X

So gut war ich.

Das Glücksrad wird drei Mal gedreht.

Wie groß ist die Wahrscheinlichkeit für

a) mindestens ein Gewinn

b) höchstens eine Niete

c) genau ein Gewinn (beim zweiten Drehen)

d) genau zwei Nieten (zu Beginn)

e) zwei Gewinne nach einer Niete

363) a)

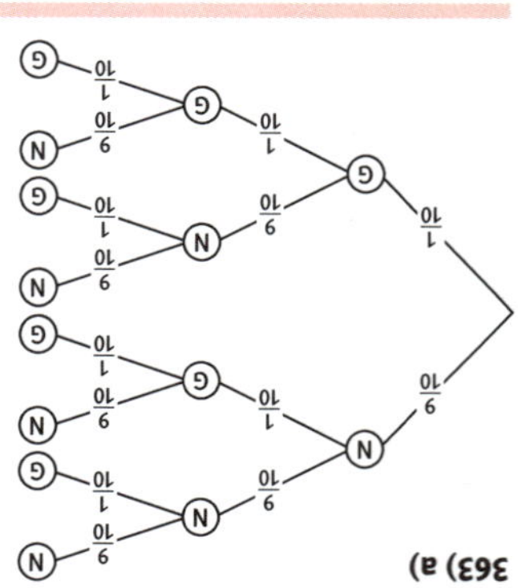

b) Ω = {(NNN), (NNG), (NGN), (NGG), (GNN), (GNG), (GGN), (GGG)};

c) $P(GGG) = \frac{1}{1000}$; **d)** $P(NNN) = \frac{27}{1000}$

364) a) $1 - P(NNN) = \frac{1000}{1000} - \frac{27}{1000} = \frac{923}{1000}$; **b)** $P\{(GGG), (GGN), (GNG), (NGG)\} = \frac{7}{250}$;

c) $P(NGN) = \frac{81}{1000}$; **d)** $P(NNG) = \frac{81}{1000}$; **e)** $P(NGG) = \frac{9}{1000}$

365 ●●○ Ziehe Kugeln aus der Urne

So gut war ich. ☺ 😐 ☹

In einer Urne sind 6 schwarze und 8 weiße Kugeln. Es wird ein Mal gezogen.

a) Mit welcher Wahrscheinlichkeit ist die gezogene Kugel weiß?

____

b) Wie viele schwarze Kugeln müssten gegen weiße ausgetauscht werden, damit die Wahrscheinlichkeit dafür, dass weiß gezogen wird, bei mindestens 90 % liegt?

____

c) Wie viele weiße Kugeln dürften höchstens in der Urne sein, wenn die Wahrscheinlichkeit für weiß unter 30 % liegen soll?

____

d) Gib die Wahrscheinlichkeit dafür an, dass keine weiße Kugel gezogen wird.

366 ●●○ Ziehe mehrmals Kugeln

So gut war ich. ☺ 😐 ☹

In einer Urne sind 6 schwarze und 8 weiße Kugeln. Es wird zwei Mal gezogen und nach jedem Zug wird die Kugel zurückgelegt.

a) Zeichne ein Baumdiagramm (auf ein Extra-Blatt).

b) Schreibe die Ereignismenge auf. ______________________________

Wie groß ist die Wahrscheinlichkeit für

c) zwei Mal weiß ______________________________

d) mindestens ein Mal weiß. Benenne das Gegenereignis. ______________________________

____

365) a) $P(w) = \frac{4}{7}$; **b)** $\frac{13}{14} \approx 93\,\%$. Es müssten insgesamt 13 weiße Kugeln vorhanden sein, also 5 schwarze gegen weiße eingetauscht werden. **c)** $\frac{1}{7} \approx 14{,}3\,\%$. Es darf nur eine weiße mit 6 schwarzen Kugeln in der Urne sein.
d) $P(s) = P(\text{nicht } w) = \frac{3}{7}$

366) a)

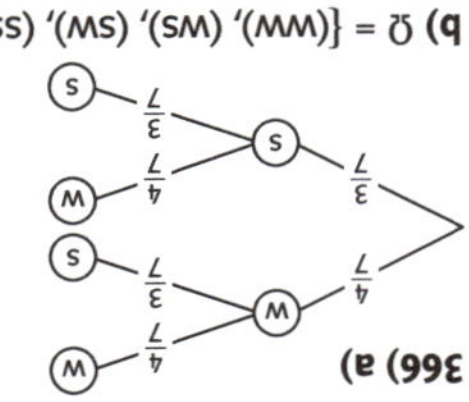

b) $\Omega = \{(ww), (ws), (sw), (ss)\}$; **c)** $P(ww) = \frac{16}{49}$; **d)** $P\{(ww), (ws), (sw)\} = 1 - \frac{9}{49} = \frac{40}{49}$; $P(ss) = \frac{9}{49}$

367 ●●○ Ziehe ohne Zurücklegen

So gut war ich. ☺ 😐 ☹

In einer Urne sind 6 schwarze und 8 weiße Kugeln. Es wird zwei Mal gezogen, ohne die bereits gezogene Kugel wieder in die Urne zurückzulegen.

a) Zeichne ein Baumdiagramm (auf ein Extra-Blatt).

Wie groß ist die Wahrscheinlichkeit für

b) zwei Mal weiß ______________________

c) mindestens ein Mal schwarz ______________________

d) mindestens ein Mal weiß ______________________

368 ●○○ Ziehe drei Mal

So gut war ich. ☺ 😐 ☹

In einer Urne sind nur eine schwarze und eine weiße Kugel. Es wird drei Mal gezogen.

a) Schreibe die Ergebnismenge auf. ______________________

Wie groß ist die Wahrscheinlichkeit für

b) mindestens ein Mal weiß ______________________

c) höchstens ein Mal schwarz ______________________

d) schwarz oder weiß beim zweiten Zug ______________________

367) a)

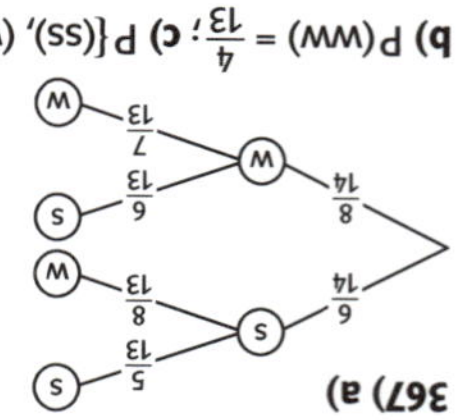

b) $P(ww) = \frac{4}{13}$; **c)** $P\{(ss), (ws), (sw)\} = \frac{63}{91} = 1 - P(ww)$; **d)** $P\{(ww), (ws), (sw)\} = \frac{76}{91} = 1 - P(ss)$

368) a) $\Omega = \{(sss), (ssw), (sws), (wss), (sww), (wsw), (wws), (www)\}$; **b)** $1 - P(www) = \frac{7}{8}$;
c) $P\{(sww), (wsw), (wws), (www)\} = \frac{1}{2}$; **d)** $P(\Omega) = 1$

369 ●●○ Eigenartige Holzkugel

So gut war ich. ☺ 😐 ☹

Eine Holzkugel ist an zwei Seiten abgeflacht. Eine flache Seite ist weiß, die andere schwarz. Die Wahrscheinlichkeit für das Liegenbleiben auf einer der flachen Seiten liegt bei jeweils 35 %.

a) Die Kugel wird ein Mal gerollt. Wie groß ist die Wahrscheinlichkeit, dass die Kugel auf dem runden Holzanteil (r) liegen bleibt?

____

b) Die Kugel wird zwei Mal gerollt. Schreibe die Ergebnismenge auf.

____

Wie groß ist die Wahrscheinlichkeit dafür, dass

c) die Kugel genau zwei Mal auf dem runden Holzanteil liegen bleibt?

____

d) die Kugel genau zwei Mal auf der weißen Fläche liegen bleibt?

____

370 ●●○ Wieder diese komische Holzkugel

So gut war ich. ☺ 😐 ☹

Die Kugel aus Aufgabe 369 wird zwei Mal gerollt.

a) Zeichne ein Baumdiagramm (auf ein Extra-Blatt).

Wie groß ist die Wahrscheinlichkeit dafür, dass

b) sie höchstens ein Mal auf dem runden Holzanteil liegen bleibt?

____

c) sie mindestens ein Mal auf schwarz und ein Mal auf weiß liegen bleibt?

____

369) a) P(r) = 30 %; **b)** Ω = {(ss), (sw), (ws), (sr), (rs), (wr), (rw), (ww), (rr)}, **c)** P(rr) = 30 % · 30 % = 9 %;
d) P(ww) = 35 % · 35 % = 12,25 %

370) a);

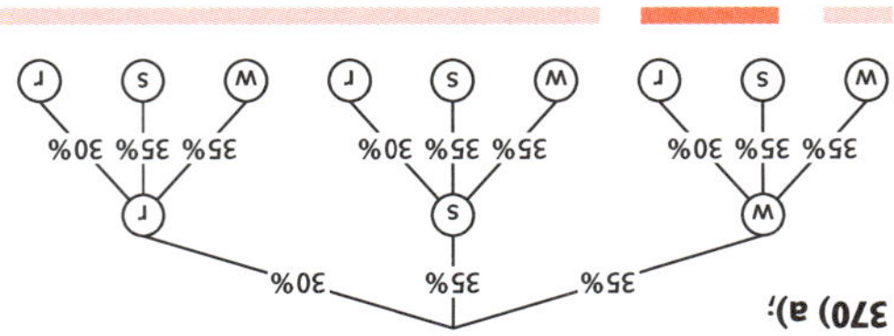

b) P{(höchstens einmal r)} = 1 – P(rr) = 100 % – 30 % = 70 %;
c) P{(sw), (ws)} = 35 % · 35 % + 35 % · 35 % = 24,5 %

371 ●●○ Gewinne durch Kartenziehen

So gut war ich. ☺ 😐 ☹

Das Gewinnspiel besteht aus fünf Karten. Die Karten mit den Zahlen 1-3 haben eine Gewinnchance von jeweils 30%, die Karten mit 4 und 5 haben je 5% Gewinnchance. Jeder Teilnehmer darf zwei Karten hintereinanderziehen, muss aber die erste gezogene Karte vor dem zweiten Zug wieder untermischen.

a) Schreibe die Ergebnismenge auf.

____

b) Schreibe unter die Ergebnisse die jeweilige Wahrscheinlichkeit.

____

Wie groß ist die Wahrscheinlichkeit

c) für ein Mal 1 und ein Mal 5? ______________________________

d) für mindestens ein Mal 3? ______________________________

372 ●●○ Andere Gewinnschancen

So gut war ich. ☺ 😐 ☹

Lies den Kurztest 371 noch einmal durch. Allerdings zieht jetzt jeder Teilnehmer zwei Karten hintereinander, ohne die erstgezogene wieder einzumischen.

a) Zeichne ein Baumdiagramm (auf ein Extra-Blatt).

Wie groß ist die Wahrscheinlichkeit für

b) genau zwei Mal 4? ______________________________

c) mindestens zwei Mal 2? ______________________________

d) höchstens ein Mal 5? ______________________________

371) a) Ω = {(1|1), (1|2), (1|3), (1|4), (1|5), (2|1), (2|2), (2|3), (2|4), (2|5), (3|1), (3|2), (3|3), (3|4), (3|5), (4|1), (4|2), (4|3), (4|4), (4|5), (5|1), (5|2), (5|3), (5|4), (5|5)};
b) P(1|1) = 9% = P(1|2) = P(1|3) = P(2|1) = P(2|2) = P(2|3) = P(3|1) = P(3|2) = P(3|3);
P(1|4) = 1,5% = P(1|5) = P(2|4) = P(2|5) = P(3|4) = P(3|5) = P(4|1) = P(4|2) = P(4|3), P(5|1), P(5|2), P(5|3);
P(4|4) = 0,25% = P(4|5) = P(5|4) = P(5/5); **c)** 3%; **d)** 51%

372) a)

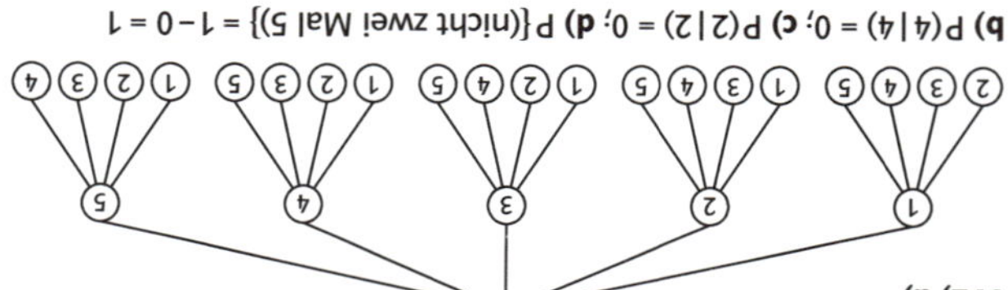

b) P(4|4) = 0; **c)** P(2|2) = 0; **d)** P{(nicht zwei Mal 5)} = 1 − 0 = 1

373 ●●○ Jetzt wird gewürfelt

So gut war ich.

Gegeben ist ein Würfel mit acht abgeflachten Seiten. Zwei Mal erscheint die 1 und zwei Mal die 2, drei Mal die 3 und ein Mal die 4.

a) Wie groß ist die Wahrscheinlichkeit für die einzelnen Zahlenwürfe bei einmaligem Werfen?

Jetzt werden eine 2 und eine 3 in verschiedenen Farben überklebt.
Wie groß ist die Wahrscheinlichkeit dafür, dass

b) der Würfel auf die überklebte 2 fällt?

c) auf die überklebte 3 fällt?

374 ●●○ Ein anderer Würfel ist jetzt im Spiel

So gut war ich.

Ein Würfel hat vier abgeflachte Seiten, der Rest ist Rundung. Es erscheint drei Mal die 1 und ein Mal die 2. Es wird drei Mal geworfen.

a) Gib die Ergebnismenge an.

Wie groß ist die Wahrscheinlichkeit dafür, dass
b) mindestens ein Mal die 1 fällt?

c) höchstens einmal die 2 fällt?

d) die Augensumme 3 ist.

373) a) $P(1) = \frac{1}{4}$, $P(2) = \frac{1}{4}$, $P(3) = \frac{3}{8}$, $P(4) = \frac{1}{8}$; **b)** $P(2)_{\text{überklebt}} = \frac{1}{8}$; **c)** $P(3)_{\text{überklebt}} = \frac{1}{8}$

374) a) $\Omega = \{(1|1|1), (1|1|2), (1|2|1), (2|1|1), (2|2|2), (2|1|2), (2|2|1), (1|2|2)\}$;
b) $P\{(\text{mindestens ein Mal } 1)\} = 1 - P(2|2|2) = 1 - \frac{1}{64} = \frac{63}{64}$; **c)** $P\{(1|1|1), (1|1|2), (1|2|1), (2|1|1)\} = \frac{27}{32}$;
d) $P(1|1|1) = \frac{27}{64}$

375 ●●○ Welchen Kuchen würdest du wählen?

So gut war ich. ☺ 😐 ☹

Auf dem Kaffeetisch steht eine Tortenplatte mit Obstkuchen: 3 Stücke Pflaumenkuchen (P), 2 Stücke Erdbeertorte (E), 4 Stücke Kirschtorte (K), 2 Stücke Blaubeerkuchen (B), 1 Stück Himbeerkuchen (H). Frau Scholl wählt als erste: 1 × P, 1 × K; Frau Pitt wählt: 1 × E, 1 × K; Frau Totz wählt: 1 × K, 1 × B. Frau Klotz und Frau Leer wählen „blind".

a) Wie groß ist die Wahrscheinlichkeit dafür, dass Frau Klotz 1 × K und 1 × H wählt?

b) Wie groß ist die Wahrscheinlichkeit dafür, dass Frau Leer danach 2 × E wählt?

c) Welche Wahlmöglichkeiten hat Frau Leer überhaupt noch und mit welcher Wahrscheinlichkeit könnte sie welche Kuchen noch wählen?

376 ●●○ Flaschendrehen

So gut war ich. ☺ 😐 ☹

Tim und seine Freunde spielen Flaschendrehen. Die Felder, auf die der Flaschenhals zeigen kann, sind unterschiedlich groß und rot, grün, braun, schwarz und weiß gefärbt. Für jedes Feld steht eine bestimmte Aufgabe, die der Dreher erledigen muss.

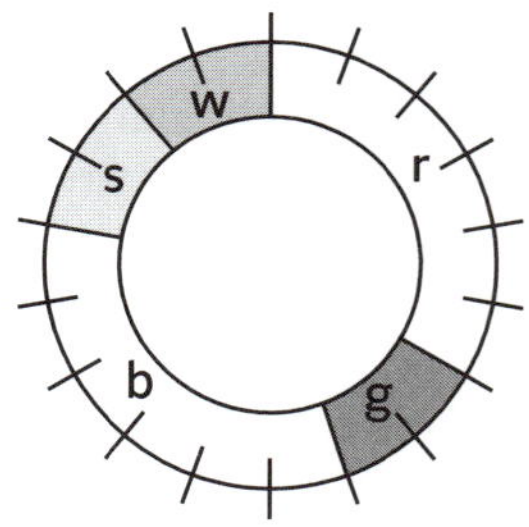

a) Die Flasche wird ein Mal gedreht. Schreibe für jedes Feld die Wahrscheinlichkeit auf.

b) Die Flasche wird zwei Mal gedreht. Schreibe die Ergebnismenge dazu auf.

Wie groß ist die Wahrscheinlichkeit dafür, dass der Flaschenhals

c) zwei Mal auf (b) zeigt?

d) ein Mal auf (s) und ein Mal auf (w) zeigt?

375 a) $P(K|H) = \frac{1}{36}$; **b)** $P(E|E) = 0$; **c)** $P(P|P) = \frac{1}{6}$; $P(E|P) = P(P|E) = \frac{1}{6}$; $P(P|B) = P(B|P) = \frac{1}{6}$; $P(E|B) = P(B|E) = \frac{1}{12}$
376) a) $P(r) = \frac{5}{18}$, $P(g) = \frac{1}{9}$, $P(b) = \frac{1}{3}$, $P(s) = \frac{1}{6}$, $P(w) = \frac{1}{9}$; **b)** Ω = {(rr), (rg), (rb), (rs), (rw), (gr), (gg), (gb), (gs), (gw), (br), (bg), (bb), (bs), (bw), (sr), (sg), (sb), (ss), (sw), (wr), (wg), (wb), (ws), (ww)}; **c)** $P(bb) = \frac{1}{9}$; **d)** $P\{(ws), (sw)\} = \frac{1}{27}$

377 ●●○ Wie bleibt die Pappscheibe liegen?

So gut war ich.

Eine Pappscheibe soll zwei Mal geworfen werden. Auf der einen Seite (S1) ist die Scheibe zu 62 % blau und zu 38 % rot, auf der anderen Seite (S2) zu 16 % blau und zu 84 % rot. Nach zwei Würfen werden die Farbprozente addiert.

a) Schreibe die Ergebnismenge auf und die Wahrscheinlichkeit für jedes Ergebnis.

____

____

Wie groß ist die Wahrscheinlichkeit dafür, dass sich

b) genau 78 % blau ergeben. ______________________________

c) genau 122 % rot ergeben. ______________________________

d) 32 % blau und 168 % rot ergeben. ______________________________

378 ●●○ Ein Getränkeautomat mit viel Koffein

So gut war ich.

In einem Getränkeautomat gibt es Kaffee schwarz, Kaffee mit Milch, Kaffee mit Milch und Zucker – alle Sorten sowohl mit als auch ohne Koffein. Den schwarzen Kaffee gibt es außerdem mit einem besonderen Zusatz von dunkler oder weißer (flüssiger) Schokolade; beide Sorten auch mit und ohne Koffein.

a) Stelle die Getränkeauswahl in einem Baumdiagramm dar.

b) Wie viele Sorten gibt es insgesamt? ______________________________

377) a) S1/S1: 124 % blau, 76 % rot; S1/S2 = S2/S1: 78 % blau, 122 % rot; S2/S2: 32 % blau, 168 % rot; **b)** 0,5; **c)** 0,5; **d)** 0,25

378) a)

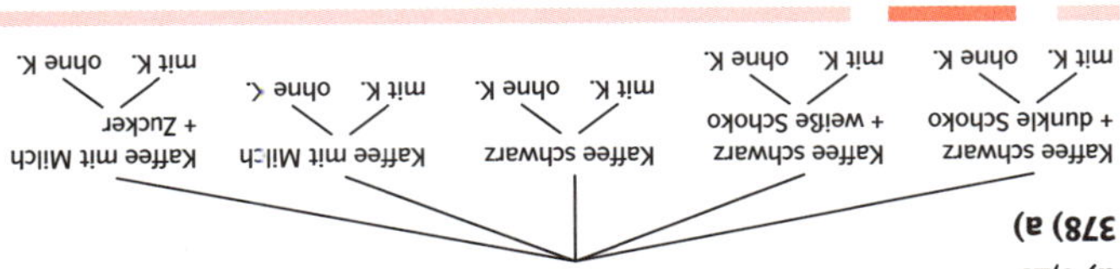

b) 10 Sorten

379 ●●○ So viel Wein!

So gut war ich. ☺ 😐 ☹

Alle Gäste werden vom Gastgeber aufgefordert, einmal von jeder Weinsorte zu probieren. Er hat vier Rotweine (r1 – r4), fünf Weißweine (w1 – w5) und zwei Roséweine (ro1 – ro2) im Angebot.

Wie viele Möglichkeiten gibt es für die Gäste, die Weine hintereinander zu probieren?

Schreibe alle Kombinationen auf. (Nimm dazu ein Extra-Blatt.)

380 ●●○ Wie lange halten Batterien?

So gut war ich. ☺ 😐 ☹

Von 10 000 getesteten Batterien einer Marke lieferten nach 60 Stunden noch 8000 Energie, nach 80 Stunden noch 6000, nach 100 Stunden noch 3000, nach 110 Stunden noch 1000.

a) Berechne die Wahrscheinlichkeit dafür, dass eine Batterie dieser Marke nach 60 Stunden (nach 80 Stunden, nach 100 Stunden, nach 110 Stunden) noch Energie liefert.

b) Herr Broll hat eine Batterie in seine Taschenlampe gesteckt und vergessen, diese auszuschalten. Nach 4 Tagen fällt ihm die Taschenlampe wieder ein.

Wie groß ist die Wahrscheinlichkeit, dass die Taschenlampe noch brennt?

379) Ω = {(r1,w1,ro1), (r1,w1,ro2), (r1,w2,ro1), (r1,w2,ro2), (r1,w3,ro1), (r1,w3,ro2), (r1,w4,ro1), (r1,w4,ro2), (r1,w5,ro1), (r1,w5,ro2), (r2,w1,ro1), (r2,w1,ro2), (r2,w2,ro1), (r2,w2,ro2), (r2,w3,ro1), (r2,w3,ro2), (r2,w4,ro1), (r2,w4,ro2), (r2,w5,ro1), (r2,w5,ro2), (r3,w1,ro1), (r3,w1,ro2), (r3,w2,ro1), (r3,w2,ro2), (r3,w3,ro1), (r3,w3,ro2), (r3,w4,ro1), (r3,w4,ro2), (r3,w5,ro1), (r3,w5,ro2), (r4,w1,ro1), (r4,w1,ro2), (r4,w2,ro1), (r4,w2,ro2), (r4,w3,ro1), (r4,w3,ro2), (r4,w4,ro1), (r4,w4,ro2), (r4,w5,ro1), (r4,w5,ro2)}

380) a) $\frac{8000}{10\,000} = 80\,\%$ nach 60 h; $\frac{6000}{10\,000} = 60\,\%$ nach 80h; $\frac{3000}{10\,000} = 30\,\%$ nach 100 h; $\frac{1000}{10\,000} = 10\,\%$ nach 110 h

b) 4 d 24 h = 96 h; Nach 100 h geben die Batterien noch mit einer Wahrscheinlichkeit von 30 % Energie; demnach liegt die Wahrscheinlichkeit dafür, dass die Taschenlampe nach 4 Tagen noch brennt, etwas über 30 %.